你一读就懂的逻辑学

刘娴素◎编著

中国华侨出版社
·北京·

图书在版编目（CIP）数据

你一读就懂的逻辑学 / 刘娴素编著. —北京：中国华侨出版社，2022.4
ISBN 978-7-5113-8402-7

Ⅰ. ①你… Ⅱ. ①刘… Ⅲ. ①逻辑学—通俗读物
Ⅳ. ①B81-49

中国版本图书馆CIP数据核字(2020)第224556号

你一读就懂的逻辑学

编　　著：刘娴素
责任编辑：黄　威
封面设计：刘红刚
经　　销：新华书店
开　　本：787mm×1092mm　1/16　印张：15.25　字数：187千字
印　　刷：三河市冀华印务有限公司
版　　次：2022年4月第1版　　2022年4月第1次印刷
书　　号：ISBN 978-7-5113-8402-7
定　　价：42.00元

中国华侨出版社 北京市朝阳区西坝河东里77号楼底商5号　邮编：100028
发 行 部：(010) 82068999　　传真：(010) 82069000
网　　址：www.oveaschin.com
E-mail：oveaschin@sina.com

如发现图书质量问题，可联系调换。质量投诉电话：010-82069336

目录

前言

逻辑学原来很有趣

生活中，逻辑无处不在。你或许不曾专注于逻辑思维，但逻辑思维会专注于我们的生活。然而逻辑学究竟是如何进行外在表现的，或许太多的人并不清楚。有的人认为“逻辑学”本身就是复杂的、枯燥的，但我们完全可以通过有趣而简单的笔触来剖析逻辑思维，让逻辑学成为一门生活的艺术，听从来自我们大脑的召唤。

要想成为逻辑的操控者，就要了解逻辑学的四大原理，在了解之后，你会发现我们不需要用复杂的眼光去看待这门艺术，因为生活中充斥着逻辑思维，我们只要扎根生活，便能在生活中找到足够的论据来证明自己逻辑思维的存在。

我们在对一系列生活举动的分析之后，就会发现逻辑学对人文素质的提高、科学发展的进步、智力的开发、心理的调节都是有利的。然而这并不代表我们不会犯逻辑错误，并不代表我们的行为不会受非逻辑思维的影响和诱导。要避免逻辑错误，就需要分析造成逻辑错误的原因，从而改进逻辑思维。

人类做事情、思考、交流的过程是使用概念、作判断、沟通的过程，而逻辑学的基本作用正是帮助人类找到合理的方法去使用概念、作判断、沟通。

逻辑被称为让人们追求真相的一门艺术，生活中一旦失去逻辑，势必会让我们陷入混乱，就如同一个人左手高高举起盘子，右手仍然在敲着键盘，最后发现自己既不是在厨房做饭，又不是在办公室办公，而是坐在了公园的石头上。我们了解逻辑学不是为了单纯地了解逻辑学的诸多概念和原理，而是为了充分调动自己的大脑，在应对百变的事物时，能够灵活地进行思考和推理。

不懂逻辑思维的人就像是走进了迷宫，既找不到走出迷宫的出口，又看不到进入迷宫的入口，人的内心是急躁的，但又无法正确地前进与后退，只能忍受混乱。这本书既不是“劈头盖脸”式的概念灌输，也不是诙谐却没有内涵的故事合集。这是一本希望帮助你合理思维的书，让你在轻松的语言环境中，了解逻辑思维的重要性和价值。

无论是在生活中还是工作中，逻辑学能让我们在陷入困境时，找到摆脱困境的出口。不仅如此，逻辑思维是人际交往的法宝，即“善思者善言”。懂思维的人能够在恰当的时候说恰当的话，让自己的话说到对方的心坎儿里。因此，聪明的人懂得运用有趣的逻辑思维吸引他人的眼球，然后做到有效沟通。

逻辑学不是沉闷的，而是生动有趣的，起码这本书希望向读者展示简单而生动的逻辑思维技巧和方法。通过逻辑思维，推理出事物的真相和本质，找到事物之间的因果联系，化腐朽为神奇。

本书中的每个故事都是简单、有趣的，作者希望读者能够在阅读故事中了解逻辑学原理，并能够轻轻松松掌握逻辑学知识，将逻辑学运用到生活实践中，成为逻辑思维的高手。

第一章

不可不懂的逻辑学的四大原理

同一律：猫就是猫，不能是老虎

■ ■ ■ ■

逻辑学是一门看似深奥，但又自带规律的学问，那么究竟什么是同一律？

同一律说的是在同一思维的过程中，所使用的概念和进行的判断必须是同一的，简单来讲，就是“A是A，A＝A”“真为真，假就是假”“熊是熊，猫就是猫”。比如在生活中，1+1＝2，在逻辑学同一律中，1个苹果，加1个苹果，等于两个苹果。不可能1个苹果与1个香蕉相加，等于2串葡萄，这显然是与我们的逻辑不相符的。

同一律所贯彻的思维就是“A是A，A不能是a，也不能是B”，我们的思维处在同一范围内。了解同一律具体的内涵，能让我们在理解特定概念及其含义后，做出最为正确的判断，即真的就是真的，假的就是假的。在讨论问题的过程中，能够围绕中心“论点”，从而保持思想论证的统一性。

在生活中，我们对同一律的灵活运用，不仅能够为我们实现某种思维目的提供保障，同时还会对我们日常行为习惯的养成有一定帮助。

古时，一位江南富豪邀请才子唐伯虎参加自己母亲的生日庆宴，这位富豪希望唐伯虎能够现场绘画题诗。唐伯虎也十分豪气，当场绘作《蟠桃献寿图》，画完之后，开始信笔题诗，边写边大声吟诵“这个婆娘不是人”，此句一出，在座的宾客都十分惊讶，“不是人”三个字过于刺耳和带有攻击性，富豪心中十分不悦，心想唐伯虎竟然当众侮辱自己的母亲，更何况今天是母亲的生日。富豪刚想大骂唐伯虎，唐伯虎却毫不在乎，继续吟诵第二句诗“九天仙女下凡尘”，四座宾客听完之后，十分惊喜，富豪也面露喜色。到此还未结束，唐伯虎开始吟诵第三句“养个儿子会做贼”，这句又让在座的宾客十分不满，富豪脸都气红了，正准备上前暴打唐伯虎，唐伯虎开始高声诵读第四句诗“偷得蟠桃供母亲”。话音一落，满座皆鸣掌叫好。富豪称赞唐伯虎不愧是江南第一才子，众人也对唐伯虎赞赏有加。

从逻辑学来看，唐伯虎所吟诵的四句祝寿诗，看似离题，实则正中题心；看似是在骂人，实则是赞人；看似违反了同一律，实则是遵守了同一律。这样能够充分调动听者的情感，利用同一律的思维，制造出跌宕起伏的感受，更能让众人体味出诗句的美感。

在生活中，我们需要将同一律进行灵活运用，这样能够帮助我们实现自己的目的。同一律要求的思想是什么？即思想必须是同一的。当然，所谓思想同一，也是有条件要求的，这里的条件指的是同一时间或者同一，关系下对同一对象的思想必须是同一的。而违反同一律思维，会犯哪些错误呢?

1.偷换概念。所谓偷换概念，就是没有保持概念的逻辑统一。比如，老师让用“心疼”造句，小学生说：“一位老奶奶年纪大了，感觉心疼，便来医院找医生看病。”在这里，“心疼”本身是一种人类的情感，而老奶奶的“心疼”指的是一种病，而不是情感，小学生表述的是老奶奶心脏疼，而非情感的表述。

阿凡提的理发店里来了一个财主，这个财主是出了名的吝啬鬼，每次理完发都不付钱，对此阿凡提十分生气，但是这个财主下次依旧理完发不付钱。

这天吝啬的财主又来找阿凡提理发，阿凡提想要惩罚一下他。阿凡提给财主剃完头发之后，和颜悦色地问道：“老爷，请问您要眉毛吗？”财主先是一惊，心想，谁会把眉毛剃掉呢？便回答道：“当然要眉毛，这还用问吗？”“好，你要我就送给你。”话音刚落，阿凡提以最快的速度，将财主的眉毛都剃了下来。财主看到自己的眉毛被剃了下来，十分着急，大骂道：“阿凡提，你不要命了吗？竟然敢将我的眉毛刮下来。”阿凡提不慌不忙地说道：“尊敬的老爷，您不是要眉毛吗？我将您的眉毛剃了下来，恭恭敬敬交到您的手上，这难道有错吗？”财主听了阿凡提的话，实在也找不到其他的理由，只好作罢。紧接着，阿凡提又问道：“老爷，您要胡子吗？”有了眉毛的事情，财主连连回答道：“不要，不要。”阿凡提紧接着问道：“老爷，您真的打算一根胡子也不要吗？”财主坚定地说：“一根胡子也不要。”听财主说完，阿凡提唰唰几刀便将财主的胡子全部刮了下来，扔到了地上。财主理完发，照着镜子，发现自己的胡子也不见了，生气地骂道：“我的胡子呢？你怎么把胡子给我刮了？”阿凡提故意露出惊讶的表情，回答道：“老爷，我之前已经问过您了，问您是否要胡子，您肯定地告诉我不要，还说一根也不要。您瞧，我将您的胡子全部刮了下来，一根也不剩。”财主看到镜子里自己光溜溜的脑袋，没了头发、没了眉毛，胡子也毫无半根，气得目瞪口呆，一句话也说不出来，转身离去了。

吝啬的财主理发后总是不付钱，阿凡提便想了个办法，故意利用偷换概念的方式，来达到惩戒这个吝啬的财主的目的。当阿凡提问财主要不要眉毛的时候，财主说的“要”，指的是“脸上要”，即不要刮掉眉毛，而阿凡提故意理解为“手上要”，便将眉毛刮下来，递给了财主。在阿凡提问“要不要胡子”的时候，财主回答“不要”，指的是“手上不要”，而阿凡提故意理解为“脸上不要”，将胡子也刮了下来。其实，无论财主如何回答，都会被阿凡提捉弄。

2.偷换论题。在逻辑方面，我们很容易犯偷换论题的错误，比如，领导要求开一场研讨会，研讨会的主题是“如何提升中层干部的管理能力”。如果在研讨会上仅仅围绕“管理能力的提高”进行讨论，则是偷换了论题，毕竟中层领导和高层领导的管理能力偏向和重点是有所不同的，这种故意扩大讨论范围的做法，便是有意去偏离最初设定的论题。

在生活中，掌握逻辑知识能够让我们的思路更加清晰，而掌握同一律以及灵活运用同一律，能够让我们在生活和工作中，正确跟从自己的思想主体，从而找到解决问题的正确方法。要知道，同一律所涵盖的知识面很广，这是逻辑学中精深的规律之一，我们在日常生活中，对于这一规律的运用要熟练掌握。

排中律：破茧成蝶的瞬间，别无他选

■ ■ ■ ■

如果我们不去了解逻辑学，恐怕根本不知道“排中律”这三个字代表着什么意思。那么，到底什么是排中律？在逻辑学中，究竟要如何去运用排中律呢？

在传统的逻辑学中，排中律是其基本的规律之一，即是A或不是A。我们可以这样认为，一个在我们眼前的事物，在同一时间内有某种属性，又或者缺少某种属性，除此之外，再无其他的可能性。比如，一个论点是正确的，或者是错误的，除此之外，没有其他第三种选择。

德国逻辑学家格·克劳斯曾经有言，“排中律自古以来就是逻辑争论的主要对象”。排中律的存在是“强迫”人们的思维具备明确性，这也是排中律的实质所在。排中律是为了避免思维犯“模棱两可”的错误。比如在对孩子的教育问题上，一位家长说：“体罚孩子是不行的。”随后又说，“不体罚孩子也不行。”这就是典型的违背了排中律的现象，犯了思维“模棱两可”的错误。

在世界名著《威尼斯商人》一书中，有一个情节便是对排中律典型的应用：富家少女鲍西娅有一张美丽的面孔，不仅如此，她的德行也十分完美，许多王孙贵族的青年才俊都希望迎娶她为妻。虽然鲍西娅出身富家，但是却没有婚姻自由，她已经去世的父亲在遗嘱中明确规定，鲍西娅要“猜匣为婚”，否则家族会取消她对财产的继承权。

什么是“猜匣为婚”呢？原来鲍西娅的父亲为她留了三个盒子，分别是金盒子、银盒子、铅盒子，在这三个盒子的其中一个盒子里藏着鲍西娅的画像，只有能够猜中画像的男士才能迎娶鲍西娅为妻。在这三个盒子上都写了一句提示语：金盒子上的提示语是“肖像不在这个盒子里”；银盒子上的提示语是“肖像在金盒子内”；铅盒子上写着的话则是“肖像不在这个盒子中”。除此之外，在盒子旁边还留着一句话：“这三句话中只有一句是真话。”

只有通过这四句话能够猜中肖像在哪个盒子里的男人，才能够迎娶鲍西娅。得知消息之后，很多男士慕名而来，但是却没有人能够猜对，男士们开心而来，失望而归。几天之后，来了一个青年人，他被鲍西娅的美貌所吸引，深深爱上了这个女孩儿，他看了看三个盒子上的话，思索了一会儿，来到鲍西娅的面前，非常自信地说道：“肖像在铅盒子里。”鲍西娅点头，年轻人打开盒子。果然，里面放着鲍西娅的肖像。鲍西娅十分佩服这个青年人，问他是如何在短时间内猜中的。青年说自己发现金盒子和银盒子上的话是相互矛盾的。因此，这两句话肯定有一句是真的，一句是假的。三句话只有一句是真的，那么，可以轻松地推理出，肖像在铅盒子里。最终，鲍西娅嫁给了这个青年。

在《威尼斯商人》中，青年人猜测的过程其实就是在运用逻辑学的排中律。他发现金、银盒子上的话是相互矛盾的，最终找到了正确的答案。可见，排中律在日常思维活动中的作用是十分重要的。

既然排中律对人们的思维活动有着十分重要的作用，那么我们就需要了解排中律的具体要求。

在表达方面，排中律要求在同一思维过程中，所选择的词项应该是两个具有矛盾关系的，并且指的是同一个现象或物体，在两个矛盾关系词项中必须选择其中一个，不能两个都否定。比如，说一个人“闯红灯”，不能同时又说这个人“没闯红灯”。

在判断方面，排中律要求在对待两个矛盾关系时，既不能同时否定两个，又不能同时承认两个，必须肯定其中一个是真的。比如，红灯停，绿灯行。我们不能说红灯不能停，绿灯不能行；也不能说红灯停，绿灯也要停。

一个小偷偷了一辆电车，他试图再次行窃时，被抓住了。在审问的时候，工作人员问道：“你试图偷取他人的电车？”小偷说道：“我有心去偷，但是没偷成功。”

工作人员继续说道：“但是你之前已经偷窃成功了，已经窃取了一辆电车。”

小偷：“那是之前的事情。对于这次，我没有偷窃成功。”

工作人员：“那你承认自己之前偷取了别人的电车。”

小偷：“没有，我没有承认。”

工作人员：“这次偷窃，我们抓到了你。”

小偷：“这次虽然你们抓到了我，但是之前你们没抓到我。”

对于以上的对话，我们可以用排中律进行分析，小偷强调这次偷窃行为没有成功，无疑上次的偷窃行为已经成功，已经构成了盗窃罪；而当工作人员再次询问的时候，他又说自己没有，不承认偷窃行为。显然，后者是假话，对于工作人员来讲，利用排中律，便能够轻而易举得到真实的口供。

有的人习惯性地将判断或者是概念进行“模糊”处理，从而实现自己的目的。但是从逻辑上来讲，这样的做法是违背排中律的。不管是“两不可”，还是“两皆可”，都是违背排中律的表现。因此，善于逻辑分析的人，能够利用排中律来分辨事物，得到自己想要的结果。

充足理由律：先有蛋还是先有鸡

■ ■ ■ ■

在世界上，到底是先有鸡蛋还是先有鸡？这是一道世界难题。这个问题让多少哲学家都觉得疑惑，甚至会激起哲学家们无边无际的猜测和探索。无疑，这个问题围绕的就是因果。因为鸡能下蛋，所以先有鸡。因为蛋能孵化小鸡，所以先有蛋。这两种答案看似都有道理，又似乎都不合理。看似理由都很充分，又似乎理由都不够充分。我们暂且不提生物起源，单纯从逻辑思维的角度来讲，运用充足理由来看，似乎鸡、鸡蛋，两者是彼此的因，又是彼此的果。

孩子生病，母亲带他去医院。孩子问："为什么发药的护士阿姨都戴口罩？"妈妈回答道："你的药太好吃了，院长叔叔怕护士阿姨偷吃。"

孩子说道："我明白了，拿手术刀的叔叔之所以会戴口罩，是因为医院的院长害怕这些叔叔去聚餐。"

虽然上述案例是一则笑话，但是从这则笑话中可以看到孩子的思维逻辑是怎样的，而从逻辑学来讲，这则笑话违背了充足理由律。

什么是充足理由律？其包含两方面的内容：第一，所有事物都存在一个成因，而这个成因能决定事物存在的原因是什么，为什么事物是真实存在的，为什么事物该是这个样子，而不是其他的样子。人们认识了这个成因，自然也就认识了事物本身和找到了事物的本质。第二，事物所呈现出的表象，其实并不重要，只有事物背后的成因才是最重要的，也是最真实的。

在逻辑学中，充足理由律是基本规律之一，违背了充足理由律会出现怎样的结果呢？其主要表现出以下三个方面的逻辑错误。

1.毫无理由

没有任何理由，便得出结论。比如，网上有人发了一段视频，视频中老人痛哭，指责旁边的男士撞倒了自己，不对自己进行赔偿。此时，看到视频的人在评论区开始指责男士，甚至对男士进行人身攻击，尽管毫无证据证明是男士撞倒老人。这种不进行逻辑分析，不讲道理的做法，往往会脱离事物的本质，将假象当作真相。

2.理由虚假

在进行逻辑分析过程中，虽然列举出了理由，但是理由是非真实的、是主观臆断的，甚至是编造的，以虚假依据为论题，这就犯了思维错误。

孩子：“爸爸，美职篮篮球运动员个子为什么都那么高？”

父亲：“因为他们经常打篮球啊。”

孩子：“看来经常打篮球可以长高啊。”

在这个例子中，父亲的回答本身就是一种编造的理由，根本没有科学依据证明打篮球能够让运动员长高，正是父亲的这种虚假理由的引导，导致孩子认为只要打篮球就可以长高。

在生活中，我们经常会听到这样的解释“小鸟会飞是因为鸟类长了翅膀”，这句话给人们的错误逻辑是“长了翅膀会飞的是鸟类”。而我们知道，很多鸟类不会飞，但也属于鸟类，比如，企鹅。由此可见，违反充足理由律会出现理由虚假的逻辑错误，这对我们日常认知会造成错误的影响。

3.无法推断

很多时候，我们可能在逻辑分析过程中，会给出真实的理由，但这种推断与我们要分析的事物并没有必然的联系，从理由方面推断不出应得的结论，最终的结果是在论证过程中出现问题，甚至导致得出的论断出现失误。

历史老师：美国自由女神像手里拿了火炬和书本，谁能告诉我火炬和书本的寓意是什么？

学生：它想要告诉我们，即便没有电，我们也要点着火炬学习。

了解历史的人都知道，这位学生的回答是错误的，而这位学生找的理由也是真实存在的，他将火炬与停电联系在了一起，将书本与读书联系在一起，抛开历史，如果只单纯讲思维，似乎没有错误。然而，在特定的历史物象中，这位学生给出的理由无法推断出火炬和书本的寓意。

甲：下雨天出门要打雨伞。

乙：不下雨，出门就不用打伞了。

甲：晴天不能打遮阳伞。

在这则对话中，虽然“下雨天出门要打伞”“不下雨，出门就不用打伞了”都是真实的理由，但这并不能推断出“晴天不能打遮阳伞”这一结论，这就是论证过程出了问题，导致逻辑出现问题。

无论是在生活中还是在工作中，我们要面对的问题都需要进行思维逻辑的分析，而无论我们做出怎样的推断和判断，都需要给出充足的理由，这个理由是足以支撑我们所要得出的论断和结果的。比如，我们上班打算开车去，那么我们的理由是开车方便、自主；我们打算乘坐地铁去，理由是不用担心堵车。

在下结论的时候，我们需要给出一定的理由，而不是毫无理由地进行推断。如果你不是从生物学角度进行分析，你认为“先有鸡”就要给出足够的理由认定鸡的最先存在。同样，如果你认为世界上“先有蛋”，那么，你就要找到充足的理由，说明“蛋”最先存在。在逻辑思维过程中，我们经常会遇到类似这种“先有蛋还是先有鸡”的问题。此时，我们需要做的就是依据真实存在的理由推断，找到能够支撑自己做论断的理由。

俗话说得好，“有因才有果”。我们进行逻辑思维分析，自然也离不开对原因的寻觅，只有找到最充足的理由做支撑，才能够得到我们想要的结果，只有这样进行的逻辑分析才是最正确的。

矛盾律：是绿色树叶不是黄色树叶

■ ■ ■ ■

我们先从矛盾律的概念说起，矛盾律指的是在同一个思维过程中，两个相互否定的事项，是不可能都为真的，其中肯定有一个是假的。简单来讲，A一定不是非A，或A不能既是B又不是B。理解起来可能有一些困难，此时，我们不妨通过例子进行分析：成功的否定是什么？是未成功，而非失败。细想，未成功和失败并非一回事，未成功并不代表着一定失败了，可能暂时未成功，以后会成功，以后也可能会失败。而失败，则表明结局已定。

我们将这种思维的过程称为矛盾律，在生活中，很多时候我们需要运用矛盾律进行分析。比如，某天，你的朋友直接表明自己不开心，而你要知道，他说的“不开心”并不代表他内心是痛苦的，只能表明他内心不够愉快，这种不开心也会随着心境的变化而发展，发展成开心或者是痛苦，这都是有可能的。

张玉经人介绍，认识了相亲对象张毅厅。两个人第一次见面在咖啡厅，相互介绍之后，两个人开始闲聊。张玉问张毅厅的工作，张毅厅说道：“我在一家国企上班，平时工作不忙，但是大部分时间都需要加班。”

张玉问张毅厅的性格缺点，张毅厅回答：“我最大的缺点，就是没有缺点。”

张玉问张毅厅业余时间爱好哪些运动，张毅厅回答：“我没有擅长的运动爱好，也没什么不擅长的。”

我们不妨对张毅厅的回答进行分析，“平时工作不忙，但是大部分时间都需要加班”，他的这句回答就是自相矛盾的，既然大部分时间需要加班完成，那么平时工作怎么会不忙呢？而当被问到性格缺点时，他说自己最大的缺点，就是没有缺点，而没有缺点也不能算得上是一条缺点。在被问到爱好哪些运动时，张毅厅回答“没有擅长的运动爱好，也没什么不擅长的”，那究竟是有擅长的运动，还是没有擅长的呢？这三句话，本身就是相互矛盾的，这就违背了逻辑的矛盾律，如果两者是相互否定的，那么一定要有一个是对的，另一个是错的。

既然了解了矛盾律，那么，如果我们“不小心”违反了矛盾律，会出现哪些错误的逻辑思维呢？

在同一个思维过程中，我们不能同时承认一个思想，同时又否定这个思想是真的，从而违反这个要求，这样就会犯“自相矛盾”的逻辑错误。

在古时候的楚国，集市上来了一个卖兵器的人，他到市场上卖矛和盾。为了能够尽快卖出，他开始大声吆喝：“我的盾无比坚硬，世界上最坚硬的盾就是我的盾，再锋利的武器也无法刺穿它。”之后，这个人又拿来了矛，然后喊道：“我的矛是世界上最锋利的矛。无论你用什么样的盾都抵挡不住它。”

这个时候来了一个人问道：“我如果拿你的锋利的矛来攻击你的坚硬的盾，结果会是怎样的呢？”

在场的人听完后哄然大笑，甚至还有人开始嘲笑卖兵器的人，卖兵器的人瞬间无从回答，他只好拿着自己的兵器迅速离开了。

这个卖兵器的人的话语是自相矛盾的，很显然，他犯了自相矛盾的逻辑错误，所以他才会说出这样不当的话语。

我们了解矛盾律的目的是能够在实践中得以正确利用，从而让自己的思维变得更加快捷、更富有逻辑性。

1.揭露逻辑矛盾

利用矛盾律来找到逻辑矛盾，有利于我们找到逻辑上的错误。无论是在生活中，还是在与人沟通时，如果想要让对方按照自己的观点进行思考，那么就可以利用矛盾律，找到对方思想和话语中的矛盾点，从而进一步达到“攻击”对方的目的，最终，让对方认可自己的思路。

2.促进思维发展

当我们发现了逻辑矛盾，并想办法进行解决之后，就能够促进思维的发展。我们以下面的科学论断为例：

古代有一种理论认为，物体从空中自由下落，其下落的速度会受到物体重量的影响，即物体越重，下降速度就越快。这种思想被推崇了1800多年。直到著名的物理学家伽利略在比萨斜塔上做了实验，他将两组不同重量的球，从同一个高度同时抛落，发现下落速度是相同的。

利用逻辑矛盾的思维进行科学研究，有助于促进科学发展。

3.矛盾律具有独特的推理作用

我们对矛盾律了解之后，可以利用矛盾律的特性，来确定同一个事物在互相矛盾或互相反对的思想中，必定不能都为真，必有一假。因此，在实践中可以起到分析推理的作用。

老师留了一道题，在A、B、C三位同学做完题之后，他们分别说了一句话，通过矛盾律可以判断三位同学的题是对是错。

A同学："这道题我做错了。"

B同学："A同学做得对。"

C同学："我觉得我做得对。"

老师看了三个人的试卷，然后结合三个人的话，说道："你们三个人中，只有一个人的答案是正确的。"

哪位同学做得正确呢？

我们不妨仔细分析，A、B两位同学的看法是矛盾的，根据矛盾律，这两位学生所说的必有一真一假。C同学认为自己做得对，就表明B同学的答案是错误的，这就能够让我们找到正确的答案。

在工作和生活中，对认知活动规范性的规律了解是十分重要的，因此，我们在遇到逻辑问题后，如果能够借助矛盾律的逻辑进行分析，那么便能够以最快的速度走出困境，找到最正确的那个答案。当然，如果违背了矛盾律，那么很可能会让我们的思维和行为出现自相矛盾的现象。因此，善于逻辑分析的人，会利用基本的逻辑学规律，从事物两者中找到真的那项，排除假的那项，从而达到自己的目的。

第二章

生活中离不开的逻辑思维

现实中的答案永远没有简单的

■ ■ ■ ■

生活中的问题不都是1+1=2。

通常我们会认为生活中的事情是琐碎的、零散的、繁杂的，在处理这些事情的时候，无须太多的逻辑分析和思考，只要凭借常识、经验便能够做得顺理成章。然而，事实却不是我们想象的那样。相反，现实中的问题不仅复杂，还繁多。在思考的时候，并非非黑即白，此时，我们要做的自然是依赖思维逻辑，进行认真思考，找到白的所在，分辨出黑的所在。

生活中如果我们的行为活动存在逻辑思维，那么就会避免做一些无知的事情，也就会让我们避免坏事情的发生和影响扩大化。同样，在我们对一些事情进行思维判断的时候，逻辑分析能帮助我们进行选择，帮助我们找到正确的答案。

一位顾客问销售员："我这件裙子穿起来漂亮吗？"

销售员："这件裙子是今年最流行的款式了。"

顾客继续问道："这件裙子水洗不会掉色吧？"

销售员回答道："瞧您说的，这件裙子在橱窗里已经展示了两年了，到现在一点也没变色，其他顾客购买后也没说有缩水掉色的。”

如果是一个不擅长分析的人去购买这条裙子，肯定会被销售员这番话打动。但是你仔细推敲销售员的话就会发现端倪。销售员说的话是相互矛盾的，前面说“这件裙子是今年最流行的款式了”，后面又说“这件裙子在橱窗里已经展示了两年了”。由此可见，这位销售员说的话肯定是不真实的。

在生活中，运用逻辑分析能够让我们的生活质量得到提高。当然，在使用逻辑分析的时候，也要具备一定的条件。

1.地位对等

在现实生活中，我们难免会遇到各类生活问题，在遇到问题之后，保持清醒的思路至关重要，进行逻辑思考，那么必然要保证所处的地位的对等。比如，你是一名普通员工，面对团队管理问题，你思考的角度多半是从自身工作出发；而作为一名团队管理人员，在思索团队管理能力提高时，自然会着眼于企业的价值观与利益，并从整个团队出发。这里所说的地位对等，讲的是所处的社会身份相同。你是一个家庭主妇，自然理解不了企业女强人的企业管理思维；你是一个商人，自然不能轻车熟路地指挥农民种地。

2.场景对等

如果你想要以某种言论来劝说别人，让对方听从你的主意，了解你的思维，那么，你要保证对方的思想与你的思想处在一个场景中。比如，你想要让你的客户买你推销的保险，于是你开始想尽办法说服对方，劝说对方来购买保险。此时，客户的思维还停留在工作中，仍然在不停地接打工作电话，这样一来，你的逻辑会被打断。其实，在这个过程中你会发现，客户所处的思维场景始终在自己的工作方面，他根本没有将自己置身在保险这样的思维场景中。

满足逻辑思维的条件之后，在生活中，逻辑思维究竟会产生什么作用呢？

一是识别作用。无论是在生活中还是工作中，我们都可以通过逻辑思维来识别周围发生的一切，以看清事物的本质，撕开伪装，寻求到事物的真善美，发现事物的假恶丑。

曾经有一则报道：在火车上，有一位女乘客怀抱一个看似不足两周岁的宝宝，宝宝不停地哭闹，女乘客便着急忙慌地掏出奶瓶，用凉水冲奶粉，不加热便让孩子直接喝。这一幕被女乘务员看到。女乘务员越想越觉得不对，哪有母亲会用凉水冲泡奶粉让孩子喝的？

随后，工作人员经过仔细盘问，发现这位女乘客是一名人贩子，她怀抱的宝宝也是刚拐骗来的。

如果女乘务员不擅长逻辑分析，那么根本没有人会怀疑这个女乘客就是人贩子的。从这则新闻报道可以看出，逻辑思维能够让我们具有识别能力，而识别能力能够帮助我们看清一些事物的假象，发现真相所在。

二是提升竞争能力。在当今社会，无论哪行哪业，激烈的竞争都在所难免。每个人都希望自己是行业中的佼佼者，每个人都希望自己能够获得更好的物质、文化生活。而逻辑分析能够提升个人的办事能力，从而起到提升自我竞争力的作用。

两个人在森林里游玩，当他们在开心地欣赏美景的时候，一只大黑熊正向他们跑来。此时，两个人也发现了大黑熊。一个人惊慌失措，而另一个人却十分镇定，镇定的小伙子不慌不忙坐了下来，换上了跑鞋。另一个人看到便问："你换跑鞋有什么用？难道你换上跑鞋就能比大黑熊跑得快吗？"

小伙子很镇定地说道："我不用和大黑熊比谁跑得快，我只要保证比你跑得快就好了。"话音未落，他已经跑走了。

通过这则故事，我们看到，在现实生活中，竞争是无处不在的，而会逻辑思维的人在竞争中能够更具有优势。

三是克制作用。贪婪是每个人的弱点，在物欲横流的社会，每个人都会面对各种各样的诱惑，而在诱惑面前，逻辑思维能够帮助我们进行思考，避免掉入陷阱。

阿尔及利亚部分地区盛产大米，但是那里也是猴子出没最多的地方，那些猴子喜欢偷吃农民的大米。为了捕捉偷吃大米的猴子，人们想出了一个办法。

人们用一个细颈的瓶子盛上大米，然后将瓶子挂在树上。到了晚上，夜深人静，猴子开始出来偷吃大米，它们看到树上的瓶子，便会将手伸进去。然而，因为瓶颈细窄，如果猴子手里握住大米，手是无法从瓶子里出来的。贪婪的猴子舍不得放弃瓶子里的大米，因此，它们久久不能离开。

天亮之后，人们会发现猴子的手仍然伸在瓶子里，便很容易就抓住了猴子。

这个案例虽然说的是猴子，在生活中，我们也会面对种种诱惑，此时，如果我们如同猴子一样，不能认真分析思考，自然会掉入陷阱。相反，如果我们善于运用逻辑思维，就可以摆脱诱惑，得以脱身。

生活从来就不是简单的，看似简单的事情，有时可能背后深藏陷阱和玄机。不要认为生活中烦琐的事情是简单的，也不要认为处理烦琐的事情不需要逻辑分析。因此，逻辑分析能够让我们辨别真伪、少走弯路，找到真正的答案所在。

生活中的概念归根于真实

■ ■ ■ ■

什么是概念？在认识的过程中，人们经常会将一些感性认识进行总结，得到一种理性认知，然后形成抽象的概括，从而形成概念式的思维活动。

从心理学上来讲，概念是大脑对客观事物本质的认识和反映，而客观事物是真实存在的，这就意味着概念归根于真实存在的客观事物。同样，生活中的概念需要真实地反映客观事物的规律和状态。

生活中的概念有简单的，也有复杂的。我们以“世界观”为例子，听到这个概念，我们的第一反应是很复杂，似乎用言语无法形容和表述。其实，世界观是对某个事物进行分析所得到的一种奉行的观点和认知，也是人们对事物做出的判断和反应。也就是说，这个看似复杂的概念是通过人们在生活中真实的实践总结才能够形成的。

我们从生活中总结出来的任何概念要想成立，其前提是要真实。“实践是检验真理的唯一标准。”而这里所讲的实践也就是实事求是，我们要站在真实的基础上来进行概念的总结和真理的探究。因此，在生活中，如果我们遇到一些违背事实的现象，那么其肯定是经不起逻辑思维推敲的。

张静是一家报社的新闻记者，她收到一封匿名信，声称某乡镇新建的公路出现了雨后垮塌的情况。作为一位新闻敏感性很强的记者，她觉得有必要去现场进行采访报道。

张静通过对乡镇公路附近村民的采访，了解到这条新建的公路才投入使用不到三个月的时间，而最近下雨强度也不算大，与往年的雨水量相比，只少不多。那么为何刚刚建造三个月的公路会出现多处垮塌的现象呢？

张静采访道路建设部门，建设负责人声称是因为经常有大型货车超载行驰造成了刚建好的公路的损坏，并非“工程质量问题”。

张静再次走访周围村民，了解到大型超载车辆很少从这条新修的公路经过，张静在公路垮塌地段等候一天也未曾见一辆超载货车经过。不仅如此，张静发现垮塌路段的修路石料质量很差，公路地基相对松软，沙石比例不均。

对此，张静再次找到相关负责人，对方又以“地质环境不佳”为由，拒谈“工程质量问题”。

通过一周的采访，张静将整个采访情况进行了翔实报道，最终引起有关部门领导的重视，并对此事件进行调查处理。

通过上面的例子可以看出，张静没有听信一方的言谈，而是按照自己的逻辑分析以及对事实情况进行全面、多方位的了解，从而分析出问题的严重性。在生活中，“障眼法”并不少见，我们要做的就是利用自己的逻辑思维，识破障眼法，找到事物真实存在的依据。

在生活中，究竟怎样的概念容易披上“变色”的外套，混淆我们的视听，妨碍我们进行正确逻辑分析呢？

1.过分夸张的话语

在一些销售广告中，我们经常会听到“无所不能”“包治百病”等夸张的宣传语。甚至有些商家为了能够将自己的产品卖出去，不惜夸大疗效。比如，一款具有提升免疫力的保健品，其声称对流感有一定的辅助治疗作用。对于这些违反有关法律、法规，具有明显夸大成分的广告，我们可以直接认定为“不实”的，而这些语言会阻碍我们对事物进行客观思维。

2.毫无根据的概念

在生活中，有些家长会对孩子说：“你天天就知道打游戏，除了打游戏就是打游戏，考试从来不及格，你看邻居家的小刚，人家从来不打游戏，每次考试都是班里第一名。”类似这样的话，我们经常会听到。但是我们不妨分析一下，小刚考试得了第一名的原因难道是不喜欢打游戏？而你考试不及格是因为打游戏？其实并非如此，只能说小刚不玩游戏，这有助于他利用更多的时间进行学习，而玩游戏让你浪费了学习时间。这并不能说打游戏导致考试不及格。这种依据太过牵强，也是毫无根据的。当你学会了运用逻辑思维，你就可以更深入地看到事情的本质。

类似这样的现象，我们在生活中经常会看到。比如，有位老人不小心摔倒在地，一位快递员正好经过，好心将老人扶起来。此时，老人家属经过，他只看到了快递员扶起老人，便认定是快递员将老人撞倒了。这是没有过程依据的，结果认定也是存在误差的。因为“撞了人，才扶人”的概念深入了这位家属的心中，本身这个概念就是片面的，只有逻辑分析之后才会发现，撞人的不一定会扶人，扶人的也不一定是撞了人。

生活纷繁复杂，不能单凭眼睛看到的或者耳朵听到的就判定对错，我们要做的就是根据自己的逻辑分析，依据真实存在的客观依据，进行逻辑思维，得到合理的方向和结果。在生活中，概念的依据都是真实的，不真实的概念是经不起逻辑分析的。

判断真假，避免上当

■ ■ ■ ■

人的一生难免会上当受骗，但善于逻辑分析的人上当受骗的概率便会减小，甚至不上当。你或许会说那些专业度高、知识渊博的人是不会上当受骗的，然而受到“术业有专攻”的限制，在其他领域或某些方面受骗也是一点都不奇怪的。

你可以想象一下，如果一个善于逻辑分析的人接到了一个诈骗电话，他会怎样？反之，如果一个人不善于逻辑分析，在接到了诈骗电话或者诈骗短信后，又会做出怎样的行为呢？

中央电视台某节目主持人在主持《今日说法》栏目时，便接到过一个诈骗电话，事后，这位主持人在自己的微博上公布了这件事情。

这位主持人接到了一个电话，对方自称是公安局的工作人员，并用严厉的语气告诉他涉嫌拐卖儿童。如果是不懂法律的人，或者是不擅长逻辑分析的人，自然会被骗子严厉的斥责声所吓倒。而这位主持人不仅用手机进行了录音，并字正腔圆地让骗子“普通话标准点，把警号报出来”；紧接着，他直接告诉对方自己的名字，并告诉诈骗分子自己主持的是《今日说法》栏目。骗子开始还十分强势，但当骗子知道了他的身份之后，依然在“恐吓”他。

这位主持人利用自己对法律的了解，质问骗子：“你知道人口拐卖是什么样的罪名吗？在《刑法》哪一条？”

之后，骗子气急败坏地说了一堆不相干的话，显然，他并不知道《今日说法》这档栏目，这位主持人说：“你上网查查。”

没想到，骗子挂了电话之后，真的上网查了《今日说法》这档栏目。更为戏剧性的事情发生了，骗子再次拨通了这位主持人的电话，并给他赔礼道歉。

通过这位主持人接到骗子电话的事情，不难看出，他除了对法律方面专业知识的掌握之外，还是一个逻辑分析极强的人。如果是一个对法律不了解，同时又不善于分析的人，在接到这样的电话时，恐怕内心是十分慌张的，甚至会在大脑中思考自己以往的所作所为哪些会涉及犯法。如果思维逻辑开始顺着骗子的逻辑进行下去，那么被骗也就“顺理成章”了。

不难看出，在生活中，逻辑思维不仅能够帮助我们取得某些行为上的成功，更能防止出现被骗的现象。要知道，骗子骗人也是运用一些常见的逻辑，而防止被骗则更需要我们运用逻辑分辨真假，从而走出骗子的逻辑，更加清晰地看到骗子所呈现的事情和状态。还以主持人接到诈骗电话为例，骗子的逻辑便是利用人们对国家法律的敬畏之心，同时用国家部门的执法力度来达到“震慑”人们内心、恐吓人们心理的目的。而一般不懂法律的人，则会因为对方所呈现的身份和事件，而产生极度的恐慌，甚至会从自身找原因。这位主持人在接到电话的第一瞬间便能够意识到对方是一个骗子，并利用自己对法律的了解达到了震慑骗子的目的。

张先生在办公室接到了一个电话，对方称自己是执法人员，因为他在生意上被人举报存在欺诈行为，对方要求张先生立刻积极配合调查。

当时张先生的生意出了一些问题，再加上在生意场上这些年，他的确得罪了一些人。此时，他对对方的话信以为真，开始思考是不是自己的业务员存在欺诈客户的情况。而张先生的律师朋友这时正好在身边，这位律师朋友十分冷静，他上网搜索了这个自称“公安局执法人员”的手机号，发现很多人举报过这个电话号码。经过一系列判断和分析，律师朋友告诉张先生这个人极有可能是骗子。之后，张先生才算是放心了。

在面对骗子时，张先生的思考和那位律师朋友的行为正好形成了反差，张先生是顺着骗子骗人的思维看待问题，而这位律师则是跳出了骗子所说的话，站在观察者的角度去进行逻辑分析。

逻辑分析能够让一个人在面临困境时找到走出困境的路，这条路便是辨别真假的办法。那么，在生活中，我们要如何运用我们的逻辑分析辨别真假，从而让自己避免陷入骗子的圈套呢?

1.遇事不慌

保持冷静的头脑是让自己辨别真假是非的第一步，无论自己所处的环境怎样，也不管自己面临多么严峻的事情，我们要做的就是让自己保持冷静，只有这样才能够跳出“发生者”的身份，站在观察者的角度来进行下一步的分析。

2.跳出事件本身进行分析

当你面对某个突发事件，不确定自己是否与这个事件有关时，不妨跳出这个事件本身，从其他角度去考虑事情，这样就能够帮助你确定自己是否与这件事情有关。

3.从对方的言辞中找破绽

不管是怎样的欺骗行为，他们都会通过言辞来达到欺骗的行为，而大多数欺骗的语言都会有漏洞。这个时候，我们要善于去分解对方的语言，然后找到其中不合逻辑的地方。而不是陷入对方言语的指控，跟着对方的思维进行思考。

其实，判断过程就是一个逻辑思维分析的过程，对于善于进行思维分析的人来讲，他们善于运用逻辑性来打破伪装，找到“质”的存在。而对于那些不善于逻辑分析的人来讲，面对真假，他们无可分辨，只能是顺从对方的思维模式进行下去，自己掉进了陷阱还浑然不知。

俗话说得好，“害人之心不可有，防人之心不可无”，而“防人”的最佳武器便是自己的思维能力，很多时候，面对假的事情，我们根本找不到现实中的依托点，只能凭借自己的思维能力进行逻辑分析。因此，在生活中，我们更要善于逻辑分析，即便看似简单的事情，也可以进行逻辑思考，这样才能够保证自己的选择不会错，避免自己掉入坏人设计的陷阱。

“顺路省力”的思维哲学

■ ■ ■ ■

在生活中，我们经常会这样处理琐碎的事情：

你要去水果店买孩子想吃的火龙果，路过一个小商店，便会想家里是否需要买其他的东西，如果需要，你会进入小商店购买。你边走边想，想起来家里的酱油不多了，然后直接走进小商店拿起一瓶酱油回家了。这还没有结束，在回家的路上，看到一个摆摊儿卖烧饼的，转念想起来，家里的主食已经不够一家人吃了，便顺手买了几个烧饼。

不仅如此，凡是你经过的路边摊、小商店、菜市场、服装店，只要你看到都会想一下自己是不是缺少什么，需要将什么一起买回去。

这种不想多走路，想要“顺路”处理一切可以处理的事情的思维也是一门哲学。没有人希望多走冤枉路，不仅是在处理生活中琐碎的事情时，在工作中，也是如此。我们经常会看到这样的现象：

小张作为公司的销售人员，打算去拜访自己的客户。财务部得知小张要去拜访某个客户时，发现这位客户的一张发票还未送达，便会托付小张，将客户的发票带给这位客户。售后人员听说小张要拜访这位客户时，会思索自己的节日售后礼品是否已经送达客户，如果没有，也会请小张帮忙，一并送达客户。

这种看似“偷懒”的工作方法，其实就是一种“顺路”思维。通过这种方式，获得资源的最大化利用，节约了时间，也节约了人力。由此可见，“顺路省力”思维是一种逻辑优化的现象。在生活中，我们通过合理规划，可以达到“一箭双雕”的目的，既能让自己有序地将事情处理完毕，又能节约时间，提高自己的做事效率。

生活需要智慧，一个善于进行逻辑规划的人，往往能够在最短的时间内完成所有的事情。在工作中，善于进行规划和安排的人，往往是一个工作高效的人。

张晓晓的职业是出租车司机，他每天早上6点钟到达最繁华的商场附近。他说自己之所以会在商场附近“待命”，原因有三个：第一是商场人多，尤其是周末；第二是从商场到火车站的距离和到旅游景点的距离是差不多远的，这样不管是有火车站的客人网约打车，还是旅游景点的客人约车，自己都会在十分钟之内赶到，这样一来，要比单纯等在火车站或者是旅游景点的司机多接单；第三是如果火车站有人约车，那么自己在商场还可能会顺路拉一个客人去火车站，同样，去旅游景点也是这样的道理，这样就能够保证往返都不空车。

张晓晓作为一名司机，他这样的逻辑分析无疑是从工作实践中总结出来的。他通过规划自己的线路，达到提高出车效率、降低成本的目的，以提高自己的收入。

那么，要对事情进行规划，做到“顺路省力”的逻辑思维，具体有哪些要求呢？

1.了解自己所掌握的资源

在生活中，处理同一件事情，我们的处理方式是不同的，而决定处理方式的因素有很多，其中一点，就是认清楚自己所掌握的资源有哪些。当一个人掌握了足够的资源，那么他便可以做到省时省力，而一个人如果不了解自己掌握了哪些资源、拥有哪些资源，那么是无法激发出自己的逻辑思维的。

我们还以外出买水果为例子，如果你需要购买水果，并将衣服拿到最近的干洗店进行干洗。此时，你如果不知道离你最近的干洗店在哪儿，或者不知道干洗店旁边是否有卖水果的摊位，那么你是无法将两件事情联系到一起进行处理的。反之，如果你知道距离自己最近的干洗店在哪儿，并能够将干洗店的位置和水果店的位置联系在一起，那么你便能够将两件事情进行联系，从而找到一个既省时又省力的处理方式。

2.学会互换资源

很多时候，我们自身拥有的东西，并非我们真正需要的或者是在生活中能够用得上的资源。而我们需要的可能是别人掌握的，却不是别人所需要的。某些资源对你来讲可能如同“垃圾”，而对别人来说却如同“至宝”。这个时候，我们要学会进行资源互换，达到既丰富自我需求，又能够满足别人的目的。这样做也是逻辑分析的结果。

一家北京的上市集团旗下有很多子公司，其旗下新建了一家大酒店，大酒店装修时，发现需要三套投影设备。此时，采购部将三套投影设备的采购清单上报给集团，发现在距离酒店不远的同一集团旗下的一家房地产公司正好有五套投影设备，这些设备是之前售楼部使用的，之后便一直闲置。于是，经过协调，房地产公司直接提供了三套投影设备给酒店，从而使酒店节约了三套设备的支出。

在工作和生活中，我们可以通过资源互换的方式，达到“借力”的目的，从而让自己的思维变得更加活跃，工作和生活更加顺畅。

3.不要投机取巧

“顺路省力”的逻辑思考并不意味着我们做事情可以投机取巧。虽然“顺路”是为了省力并取巧，但并不是“投机”行为。比如，我们可以利用老年人对养生的关注，向其推销合规的保健产品，但不能为了赚钱过分夸大保健产品的功效。同样，在工作中，我们可以利用自己的工作经验来帮助自己更快地完成工作，但这并不意味着自己只需要单纯应付领导，而不用认真工作。

“顺路”思维是一种全面分析、着眼全局的思维方式。在我们想要将事情统筹起来进行统一安排的时候，我们必须先了解自己的工作范围，从而对各项工作和事务进行合理安排，只有这样才能够做到真正意义上的“省力”。“顺路”思维的开展和实施需要进行合理规划，只有善于规划的人，才能够在凌乱的事情面前找到头绪，从而找到解决问题的根本所在。

专家的话也可能是蠢话

■ ■ ■ ■

专家指的是怎样的一部分人呢？他们是一批擅长在某个领域从事研究的人，他们在特定的领域有自己的知识认知。专家的话应该是具有权威的，也应该是对社会负责的。然而，现如今，我们周围的专家太多了，在和我们息息相关的领域经常会接触到的专家有很多，比如医疗专家、育儿专家、教育专家、理财专家，等等。

似乎我们周围充斥的都是专家，这并没有什么坏处，但是有些专家并非能够给我们一些正确的引导和指点，他们的建议也并不是真实可信的。前些年，有一些城市的领导听了某些专家的话，开始在城市搞水空调，专家口中的水空调是环保、节能的好产品，然而实践发现，水空调不但会破坏地下水，还十分浪费水资源。可见，片面、不作为的专家的话的危害性更大。

在生活中，我们经常听一些专家说要多喝牛奶，牛奶含钙量高，多喝能够预防骨质疏松。专家还着重强调，尤其是老年人，要多喝牛奶。这些话听起来是没什么问题的。但是一项调查研究发现，美国作为世界上消费牛奶和各种钙片最多的国家之一，却是世界上骨质疏松的高发国家。从生活中，我们再来找找答案，会发现在农村，很多老人很少喝牛奶，却也很少得骨质疏松。一些专家夸大了牛奶的功效，当然，多喝牛奶的确对人体钙质的摄入有补充作用，但并不是说不喝牛奶就会骨质疏松。以此类推，很多卖滤水器的人说，专家说了，喝自来水不卫生，即便自来水大火烧开，但是还有很多细菌依然没有被杀死，长期饮用会对我们的身体造成不可逆的伤害。

专家的话似乎就是权威，那么，我们为什么会相信权威的话呢？其实，专家代表的就是权威和专业。比如，我们在掌握了足够多的信息之后，才能够了解这个领域的情况，而我们经常会认为听信权威的建议，才能够让我们做出正确的判断。那么，为什么部分专家的话是不可信的呢？

1.专家得出结论的依据不可靠

正确的、权威的思想应该是从社会实践中得来的，而现如今，很多专家的话语并非来自实践，而是来自某个调查的数据或结论，甚至是自己的“凭空想象”。

某市的某大学研究中心的一位专家说：2020年，中国男女比例会失衡严重，男性将多出3000万人，这个结论是骇人听闻的。而这一个数字究竟是怎样来的呢？竟然是专家们作了一个小的局部调查，然后坐在办公室里，通过大脑想象出来的。那么，这样的结论会是真实的吗？

当专家们的研究开始“投机取巧”时，他们所带给人们的信息则变得没有意义，甚至还会带来严重的危害，给人们造成不必要的恐慌。

2.权威人士也会犯错，犯错是人类的通病

不是说成了专家就不会出错，也并不是说专家的研究百分之百精准。是人就会犯错，即便专家在某个领域学识深厚，但是也难免会出现偏差。所以，这也就成为专家的话不完全可信的原因之一。

近些年，经常会听到飞机失事的消息，然而，在飞行之前或者飞行过程中，难道机组人员真的没有任何发现吗？其实不然，很多时候机组人员已经发现了飞机的异常，但是机长却没有察觉出异常，毕竟机长是权威人士。因此，直到出了事故才知道，原来飞机已经出现了异常。

权威并不代表地位，从逻辑学来讲，专家应该是某个行业的佼佼者，因此他们的所说所做应该是正确的。但是要知道，专家也是人，专家只是一个称呼，代表对他们某个领域学识的认可，但并不代表他们说得都对，不代表他们不会犯错。

3.权威人士的目的性

在当今经济发展的时代，很多企业为了推销自己的产品，提高自己的经济效益，不惜花费巨大代价聘请行业专家，以高昂的费用让专家说出一些“不实”的言论，目的就是获取经济利润。因此，从这个角度来讲，部分专家可能会被金钱诱惑，从而成为利益链条上的一环，他们的话语便失去了准则。

善于逻辑分析的人会发现，有时候有些专家的话是相互矛盾的。比如养生方面：有的专家说喝隔夜茶不好，而有的专家却说隔夜茶没有什么不好；有的专家说多喝水有助于健康，而有的专家说喝水多也不好，还可能会引起水中毒。由此可见，当听到专家所说的话之后，我们要根据自己的实际情况进行分析。比如，专家说喝牛奶有助于提高免疫力，但是你对牛奶过敏，自然没有必要非去喝牛奶。

对于外界事物，哪怕是亘古不变的真理，我们也要进行分析，更何况专家的话语。专家也是人，是人就难免会出现错误。因此，我们要开动自己的脑筋，进行逻辑分析，从而判断出真假对错。

习惯了的习惯，并非全部合逻辑

■ ■ ■ ■

有人曾说过，“习惯，我们每个人或多或少都是它的奴隶”，习惯是久而久之形成的。在生活中，我们有好的生活习惯的养成，也会形成不良的生活习惯。

只要我们生活在社会中，那么我们或多或少都会形成一些习惯。比如我们的饮食习惯、睡眠习惯、就餐习惯，等等。很多时候我们的习惯一旦养成，就总是会用习惯来进行推理，要知道，习惯在很多时候是缺乏逻辑性的。

一个三十岁左右的男士每天会抽掉一盒烟，他已经将每天抽一盒烟当成了自己的习惯，他可以一天不吃饭，但是必须抽烟，尤其是在饭后，会抽两根烟，毕竟从十岁起他就开始跟大人学抽烟了。

他交了一个女朋友，女朋友看他抽烟很频繁，便问他为什么要抽烟，他说自己已经习惯有事没事的时候抽烟了。女朋友问：“你可不可以戒烟？”男士思索了一会儿，问道：“为什么要戒烟？请允许我遵从这个习惯吧。”

女朋友问道："那你为什么要抽烟呢？请给我一个理由。"

男士很不耐烦地回答道："这是我的生活习惯，请尊重我的习惯。"

就这样，男士没有听从女朋友的要求进行戒烟，最终，女朋友因为无法忍受，选择了分手，离开了他。

终于有一天，男士觉得自己喘不过气来，呼吸越来越沉重。于是，他去看了医生，医生看完他的检查结果，直截了当地说："你必须改掉抽烟的坏习惯，否则我不敢保证你能参加自己四十岁的生日。"

经过一系列的治疗，男士终于觉得呼吸顺畅了。医生的话让他对抽烟产生了恐惧，他知道自己吸烟的习惯已经严重危害到了自己的健康，于是，他下定决心进行戒烟，最终戒烟成功。

抽烟本身是一种不好的行为，而选择抽烟的人往往也知道吸烟有害健康，但他们还是会吸烟，这本身是不符合逻辑的。可见，并非所有的习惯，都是合乎逻辑的。

奥斯特洛夫斯基曾经说过："人应该支配习惯，而绝不能让习惯支配自己。"但是恰恰相反，当习惯形成之后，人们往往不会按照逻辑进行正常思维，而是被习惯支配。这样的现象在生活中也不少见，比如，早上你9点上班，而坐车需要1个小时，你习惯了7:50起床，然后用十分钟的时间洗漱出门，踩点到公司打卡，而早饭被无情抛弃。这样久而久之，即便你不吃早餐会觉得很饿，甚至偶尔胃部不适，你也会选择多睡几分钟而放弃吃早饭。这就是习惯的力量，不吃早饭的习惯已经打败了你的饥肠辘辘。当你意识到不吃早饭可能对身体不好时，你还是会选择用睡懒觉来代替吃早餐，这就说明你已经被不吃早餐的习惯所支配。

从逻辑学来看，很多习惯是不符合逻辑的，你会发现不符合逻辑的习惯往往是坏习惯。

1.没有逻辑的习惯会影响我们正常的做事顺序

当你上班的第一件事是制订当天的工作计划，按照工作计划进行工作安排时，你会发现自己的工作是十分有序的。相反，你工作开始时，根本不制订计划，想起来什么就做什么，这样一天下来，你会发现自己很累，但是工作却没有做完。因此，没有逻辑的习惯往往是缺乏秩序的。

2.习惯支撑那些不善思考的人

对于很多人来讲，他们在做习惯的事情的时候，是不善于思考的。比如：当你习惯了上班开汽车，那么你在出门的时候就会直奔自己的汽车，根本不去考虑今天要不要坐地铁；当你习惯了用左手吃饭的时候，你肯定不会去思考用左手吃饭究竟会带来怎样的不便。因此，不善思考的人善于坚持自己没有逻辑的习惯，并不愿意放弃自己的习惯。

在人际交往过程中，我们发现有些人会有口头禅，他们会不自觉地说某些话，比如“然后”“大概”，等等。李教授在讲座过程中，每句话说完之后，都会不自觉地说“然后”二字。讲座结束之后，听众好奇地问李教授为什么要说那么多的“然后”，李教授解释说自己也不知道为什么会说这个词，甚至在很多时候他都没有意识到自己说了这个词语。这就是一种语言习惯，在这个语言习惯中，“然后”是毫无意义的，也并不存在任何的内涵。对于李教授来讲，这个词在交谈过程中，没有逻辑性可言。

习惯通常是我们在生活或工作中养成的，合乎逻辑的习惯往往能够帮助我们解决一些实际问题，也能够帮助我们提高做事情的效率。而不合乎逻辑的习惯会让我们陷入困境，甚至会让我们无法克服困难。善于逻辑分析的人，会用合乎逻辑的习惯来替代不好的习惯，从而让自己的工作、生活更加顺畅。

惯性思维也会让你走弯路

■ ■ ■ ■

我们先看这样一个案例：

荣荣是一个十分调皮的孩子，在生活中经常会闯祸，比如打碎邻居家的玻璃、在小区墙上涂鸦等，这些事情荣荣隔三岔五就会做一次。因为这些事情，他的父母经常需要给别人赔礼道歉。

一天，小区里的路灯被人为弄坏了，楼道里的声控灯也被损坏了。对这个事情，邻居们和物业人员第一个怀疑的就是荣荣。

这天，荣荣妈妈在电梯里碰到邻居，邻居说："荣荣妈，你家这孩子太调皮了，声控灯都敢弄坏，真不怕赔钱啊？"

荣荣的妈妈听了无言以对，似乎感觉真的是自己孩子弄坏的。回到家，看到荣荣在看电视，直接冲他喊道："是不是你把楼道的声控灯弄坏的？"

荣荣先是一惊，然后极力否认。因为之前荣荣总是调皮捣蛋，所以荣荣妈妈对他的话是不相信的，并且，还因为这件事情，打了荣荣。

后来，物业人员经过查看监控和详细调查，发现这件事情的确和荣荣没有关系。得知调查结果，荣荣妈妈觉得十分后悔，不该仅凭荣荣平时的表现就怀疑他。

在生活中，这样的事情经常会遇到，我们会凭借惯性思维对遇到的事情做出判断，这样的结果不一定是合理的，甚至会带来很不好的后果。

什么是惯性思维？就是人们习惯性地按照之前的思路去思考问题，这种思维方式容易造成事情的盲点，让一个人的思维变得懒惰，缺少创新和改变。

一位老师给他的学生讲了这样一个故事：

一天，五金店迎来一个特殊的客人——一个聋哑人。他走进五金店，想要买一颗钉子，于是，他用手比画，最终服务员看懂了他的“手语”，卖给他一颗钉子。

老师紧接着问学生：“后来，五金店又来了一位盲人，他看不到任何东西，但是他想要买一把锋利的剪刀，他要怎样做才能买到剪刀呢？”一个同学很自信地说道：“用手比作剪刀的形状”，其他学生都表示赞成。老师笑着说：“你们都错了，他只要用嘴讲‘我要一把剪刀’就可以了，因为他是一位盲人啊。”学生们一想，发现的确是自己错了。

不难看出，老师的问题并不难，可为什么学生们回答错了？其实就是因为学生们的惯性思维。他们错将盲人当成了聋哑人，才会说错答案。

在生活中，很多时候我们就如同那些回答错误的学生，因为惯性思维总是能够让我们的大脑更“省力”、变得懒惰。因此，我们需要学会突破惯性思维，让我们的大脑活跃起来。

1.可以选择与惯性思维相反的行为或方式

选择放弃惯性思维，这有助于简化我们的工作，反而能够节省时间。比如，你上班习惯性地坐公交车，每天都要花费1个小时。此时，你不妨选择乘坐地铁，倒两次车之后，你花费半个小时，便能够达到目的地。

2.养成多角度、多方面思考问题的习惯

在面对一件事情或者问题时，你可能第一反应会做出选择和找到答案，此时先不要将第一反应说出来，不妨再仔细思考，寻找到其他方法来解决问题。在一个问题面前，我们会发现有不同的思考角度，从不同的角度去分析，便能够得到不同的结论。

3.克服从众的思维方式

在生活中，难题不是常常会有的，我们遇到的多半是繁杂的问题，面对这些繁杂的问题，我们习惯性地跟随大众的解决思路和办法。比如，当我们网购一双鞋，到货之后，发现自己买的鞋小了。此时，一般人们都会联系客服进行调换，如果我们没有买运费险，自然我们还要赔上路费。如果我们的家庭成员或闺密中有一个比自己脚小一号的人，那么我们完全可以送给他们，这样不但加深了彼此的感情，还能够让我们节省运费。

两个同学利用课间时间做了一个游戏，甲同学让乙同学不停地念“月亮”，念完十遍之后，甲同学突然问道：“后羿射的是什么？”乙同学快速地回答：“月亮。”随后，在场的同学都笑了。

其实乙同学并非不知道后羿射日的故事，而是因为他之前念了很

多遍“月亮”，在他的大脑中形成了思维惯性，在甲同学突然问起之后，乙同学将“月亮”一词脱口而出。

恩格斯说，“人类地球上最美的花朵是思维着的精神”。在生活中，任何事情都可能会随着事物的发展和环境变化而进行改变，一成不变的事物是不存在的。如果我们单纯地沉浸在自己的惯性思维中，用老眼光来看待周围发生的一切，那么势必会被社会所抛弃。善于进行逻辑思维的人，总是能够在思想上进行创新，用更为符合社会发展的眼光来看待问题，多角度思考问题，从而找到解决问题的准确答案，避免走弯路。

惯性思维对我们的生活是不利的，比如，你习惯于走小路上班，因为从小路上班节约时间，所以，只要上下班你都选择走小路。突然有一天，小路进行改造，禁止通行，那么你会十分慌张，因为你不知道除了这条小路还有哪条路能够通向自己的上班地点。同样地，如果你找到了一条宽阔的大路，并发现这条路虽然宽阔，但是多走二十分钟就能到达。然而，随着你每天走大路，似乎已经忘却了小路的存在。小路修好后，你仍然多走二十分钟上下班，这就绕远了。由此可见，惯性思维会让我们的选择变得固化，让我们多走弯路，对我们思考和解决问题是不利的。

一个善于思考的人在身处困境时，总能找到解决问题的办法，这也是打败惯性思维的途径。没有人希望自己的思考变得固化，但是惯性思维却能阻碍我们进行逻辑思维和创新。因此，适当打破惯性思维，对我们的生活是十分有帮助的。

花儿都是香的

■ ■ ■ ■

在你的印象中，花儿是否都是香的？其实并非如此。在印度尼西亚有一种花被称为“腐尸花”，它是世界上最臭的花之一，能够长到1.5米高，所散发出的气味如同垃圾与腐肉的恶臭。这种花每三年开放一次，每次都会连续释放八个小时的难闻气味，由此可见，花儿并非都是香的。那么，为什么一提到鲜花，人们的反应就是香的呢？

在生活中，绝大多数人都被自己的思想所局限，人一旦陷入自己的思想世界，便很难跳出自己的世界去观察这个社会。于是，人们的思想变得片面，总是容易犯以偏概全的错误。

在生活中，我们总是习惯性地犯一些以偏概全的错误，这归根于我们大脑的条件反射，甚至可以说归根于大脑的“冲动”。

在一个交通路口发生了一则交通事故，一位骑着电动车的女士被一辆小轿车撞出去了四五米，女士的电动车已经被撞烂，可想而知，这位女士被撞得很严重。

事故发生后，路过的人都觉得十分惋惜，然后开始猜测事故发生的原因。有人说："肯定是汽车司机开得太快，或者是酒驾，不然这么宽的马路怎么会撞到人？"

还有路人说："轿车司机是不是喝酒了？大白天，人流量也没有那么大，怎么会撞到人呢？"

围绕这次交通事故，很多人都在议论轿车司机，都在抱怨轿车司机开车有问题。然而，经过交警的了解和调查发现，骑电动车的女士负全责。因为这位女士在与朋友喝完酒之后，骑着电动车横穿马路，并且没有戴安全帽。

一般来讲，当我们看到一辆汽车与行人或电动车发生事故后，第一反应往往认为是汽车的错。这种反应归根于我们的一些常识，认为汽车速度快、体积大，容易出现伤人的情况。然而，很多时候发生交通事故，并非因为汽车。而我们主观认为是汽车司机的责任，其实是一种"一厢情愿"的错误逻辑。

那么，在生活中，我们出现以偏概全这种错误思维逻辑的原因有哪些呢？

1.专业知识认知不够精准

对于一些专业性很强的问题，当一个人将一个点代表一个面的时候，他肯定是对专业知识掌握得不够准确。比如，有人说秋天树叶都会枯黄掉落，事实上我们知道并不是所有的树叶都会在秋天变黄掉落，在植物界，不受季节变化的植物并不少见。当我们说秋天树叶都会变得枯黄掉落时，我们指的也仅仅是一些常规的树叶，因为我们对相关知识了解得还不够多。

2.对事物缺乏观察

我们看到的未必是真实的，也未必是事物的真相，因此，我们不能单纯地去相信自己的眼睛。在看到一些事物之后，要进行仔细观察，从而给大脑提供足够的素材进行分析。在很多时候，我们之所以会犯以偏概全的逻辑错误，多半是因为我们观察得不够仔细。比如，当我们看到一位女士和一位男士在一起厮打，女士不停地喊着："他是小偷，他要抢我的包。"而男士也在用力与女士争夺。此时，我们主观上一般都会相信女士的话，因为在生活中，女士是弱者，女士容易成为小偷攻击的对象。但是经过仔细观察发现，男士和这位女士抢夺的包竟然是一款男士包，并且在女士大喊大叫之后，男士并没有害怕、心虚及想要逃跑的表现。反而是这位女士边抢包边四处张望。通过观察，我们会怀疑女士所说的话的真实性，同时，我们也就不会被女士的话语所蒙骗。

对于一个善于进行逻辑推理的人来讲，在进行仔细观察之后，他会发现事物的端倪，甚至会找到隐藏在事物深处的真相，从而避免犯以偏概全的错误。那么，在生活中，我们究竟要如何来推翻以偏概全的错误逻辑思想呢？

我们常常听到这样的说法："天下乌鸦一般黑。"这句话表面的意思是天下的乌鸦都是黑的，为了证明这句话的正确性，我拿出一只黑色的乌鸦。如果你认为我说的这句话是以偏概全，那你只要能够找到一只不是黑色的乌鸦就可以证明我说的这句话是错误的。

这个例子说明，我们要想避免犯以偏概全的思维错误，在遇到事情时，要善于进行自我反思和思考，善于提出质疑。质疑精神是避免出现以偏概全逻辑错误的关键所在。对事物质疑，才能从其他角度进行重新思考。比如，我们质疑这条路并非是去往商场最近的路，这样我们才敢去探索其他的路，这个探索的过程可能会失败，但是经过质疑之后，我们才能确定地说这条路就是距离商场最近的路。

除了质疑，我们还要扩展自己的眼界，当一个人见得多了、听得多了、了解得多了，在分析事物的时候自然会变得相对全面，认识方面也会变得全面。因此，开阔眼界、学习知识是从来都不能被丢弃的。

在生活中，我们经常会说“鸟儿都长了翅膀”“花儿都是香的”“书本上的知识都是正确的”等，但是经过认真分析之后，会发现我们只不过是“一厢情愿”地去相信这些片面的事实。因此，我们不妨借助逻辑思维，学会质疑，从而探索出新的答案，让自己不再做“井底之蛙”。

有因必有果，生活中也是如此

■ ■ ■ ■

在某短视频软件上有这样一个视频：

一个开包子铺的老板，每天都勤勤恳恳地和妻子一起蒸包子、卖包子。一天，店里来了一个小男孩儿，小男孩儿穿得又脏又破，显然是一个穷人家的孩子。夫妻俩看到小男孩儿，问他是不是想买包子。男孩儿说自己没有钱，可不可以给自己一个包子。

出于好心，老板给了男孩儿一个包子。没想到男孩儿拿起包子便跑了。老板心想，这个男孩儿看起来这么饿，为什么拿到包子之后不赶快吃呢？

老板出于好奇，跟随男孩儿来到了一个破落的小房子里，看到小男孩儿竟然将包子给了一个年迈的老人，原来小男孩儿舍不得吃唯一的包子，留给了自己的爷爷。

老板看到这一幕，想到自己也是由爷爷一个人带大的。他便对小男孩儿说，以后只要他和爷爷饿了，就可以去店里拿包子吃。

之后，小男孩儿几乎每天都会去店里拿包子吃，老板夫妇也从来没有嫌弃过小男孩儿，小男孩儿也很懂事，一有空就帮老板夫妇打扫店铺。

这天，小男孩儿一整天都没出现，包子铺老板有些不放心，便去了小男孩儿家里，发现没人。后来便去问小男孩儿的邻居，邻居说只看到几个人将小男孩儿和他的爷爷接走了，具体去了哪儿，他也不知道。

从那之后，小男孩儿就再也没有去过包子铺。日子就这样一天天过去了，包子铺老板照旧每天蒸包子、卖包子。

这一年包子铺老板被诊断得了癌症，包子铺关了，夫妻俩将所有的积蓄都用来治病，眼看能借的钱都借了，再也借不到钱了，包子店老板打算放弃治疗，回家静养。此时，当年那个小男孩儿出现了，他已经成年，并且通过自己的努力获得了事业上的成功。他找到包子铺老板，负担起了他治病所需要的所有费用。

包子铺老板的善良就是因，小男孩儿的报恩行动就是包子铺老板所得到的“果”，即有善因才结出了善果，这就是我们所说的因果关系或因果逻辑。可想而知，如果包子铺老板当年没有给小男孩包子吃，他们也不会认识，之后小男孩儿可能也不会主动去帮助包子铺老板。

因果逻辑就是符合因果关系的逻辑思维，我们通过这种思维来了解一个事物、探索一个事物的根源所在，这能帮助我们了解事物发展的走向和预测事物发展的结果。在生活中，我们可以根据因果逻辑来判断一个事物是否合理，其是否具有一定的合理性，这对我们的工作和生活都是有帮助的。

因果逻辑的应用是十分广泛的，万物之间存在普遍联系，因此，这就使得因果关系也具有了普遍性。

在生活中，我们可能只看到了结果，根本没有想过出现这样的结果的原因。比如，当我们感冒难受了，才会思考为什么会感冒，是自己喝水太少，还是因为着凉受风，等等。有果必有因，对万物的原因进行分析，其实就是在对结果进行预告。

熟悉中医的人都了解，找中医医生看病，他们一般都会通过“望、闻、问、切”四诊法来对疾病进行了解，而“望、闻、问、切”的过程，其实就是对疾病产生原因的寻觅，这样能够更清楚地了解产生病痛的原因，从而根据病因来找到治疗的最佳方法。

在生活中，因果关系是普遍存在的，那么我们要如何找到身边事物存在的因果关系呢？

1.辨清黑白

生活中有很多假象，我们很容易将假象当作真相，从而错误地判断原因。虽然我们发现很多事物产生的结果是一样的，但是引起事物的原因并非一样。比如，当我们走在大街上，看到两个小孩子都在哭泣，他们为什么会哭？两个孩子哭泣的原因是否一样？一个孩子是因为饿了才哭的，而另一个孩子是因为渴了才哭的。如果我们不去关心孩子为什么哭，而是一味阻止孩子去哭泣，这样显然是不合情理的。我们给孩子买新的玩具，孩子暂时可能也会停止哭泣，但是饥饿和口渴还是会困扰孩子，孩子还是会在玩腻了玩具之后继续哭泣。这就要求我们在生活中要具备分辨事物因果的能力，找到事物发生的真正原因，而不是一味地改变结果。

2.分析事情发生的经过

由因到果是一个过程，在过程中会发生很多事情，过程的改变可能会导致结果的改变。因此，我们在对原因进行逻辑分析的时候，一定要分析结果产生的过程。比如，当我们在研究一项工作时，结果本应该是成功的，然而却研究失败了。要分析这项研究最终失败的原因，肯定要从研究的过程中找答案，是不是在研究过程中某个细节出现了问题，或者是在研究过程中某些因素发生了变化。一个善于分析事物的人，能够很快找到解决问题的办法，从而让结果满足自己的预期。

3.不逃避原因

很多时候我们知道了事物的结果，从某种意义上讲，也就看到了事物产生的原因。而我们只是不愿意去面对这个原因罢了。

小路几乎每天晚上都会和朋友去喝酒，每周都会喝醉两三次。三十五岁的小路去医院做检查，医生说他的胃已经出现了胃溃疡的情况，不能再喝酒。但是小路要与客户接触，自然还会喝酒，每次喝完酒都会胃疼，但是再遇到客户，他还是会继续喝酒的。

小路很清楚自己胃疼的原因是喝酒，但是再次看到酒还是会喝。在很大程度上，小路没有直面胃疼的原因。

逻辑学讲“因果逻辑”，无论是从哪方面来讲，其归根到底说的都是原因与结果之间的关系。万物众生都存在因果关系，自然，我们在思考问题时，不应该避开因果关系，应该了解事情为什么会发生，然后找到解决问题的方法，最终的目的是问题的解决。

在生活中，我们所看到的结果可能是一种假象，而只有运用因果逻辑，对事物的原因进行分析，才能够让我们在短时间内找到解决问题的方法。不仅如此，如果我们计划去完成某件事情，在做这件事情之前，应该对结果进行预想，分析所产生的结果是不是自己能够承受的。当我们分析了这个结果之后，才能克制自己的行为。比如，我们想要将手中的垃圾扔到地上，结果则是引得路人指指点点，那么我们自然会克制自己的行为，将垃圾扔到垃圾桶里。可见，因果逻辑不仅能够帮助我们辨清黑白，还能帮助我们修正自己的行为，完善自己的人格，从而避免犯错。

第三章

你一定要避免触犯的逻辑错误

人多一定力量大

■ ■ ■ ■

我们常听说“人多力量大”这句话，的确，在很多时候人多了是能起到更大的作用，达到1+1>2的效果。比如，完成一项工作时，需要整个团队齐心协力一起完成。但是这并不能说明人多“一定”力量大。

在逻辑思维中，没有太过绝对的事情。在很多时候，众人的力量受到很多因素的影响，反而不容易掌控，而单个个体的力量只受到个体因素的影响，反而容易集中力量。那么，人多一定力量大究竟错在哪里?

1.忽略了群体情感

我们就拿《三个和尚没水喝》的故事来讲，寺庙中第一个和尚自己可以挑水喝，所以寺庙里水缸天天是满的。来了第二个和尚，两个和尚合作一起担水，水缸里多少也是会有水的。又来了第三个和尚，因为懒惰和自私，三个人都不肯去打水，最终寺庙的水缸没有了水，就连花草都枯萎了。很明显的是人多了，却不如人少的时候。可见，说人多力量大并不能代表所有事情，我们不应该用这一种思维来认定和判断所有的事情。

在20世纪80年代，可口可乐与百事可乐竞争十分激烈，为了能够更好地占领市场，可口可乐决定推出一款新口感的可口可乐，这款新的可口可乐与老款可口可乐在口感上有所不同，其更加甜一些，泡沫也相对少一些。可口可乐公司也做了调研，发现大部分消费者也是可以接受的。于是，当时的CEO（首席执行官）便在纽约宣布了这个消息。

出乎意料的是，在西雅图的很多可口可乐的忠实粉丝对推出新口感的可口可乐这一决定十分不满，他们不但展开“抵制新可乐的活动”，还威胁说，如果推出新的可口可乐，他们就不再购买可口可乐。受到这件事情的影响，可口可乐一度销量降低，最终，可口可乐不得不屈服于市场，宣布恢复老配方可乐的生产。

通过这个例子我们可以看到，可口可乐推出的新可乐不一定比老款可乐差，甚至还比老款可乐口感更好。此时，因为众人的“不买账”，新可乐被扼杀在摇篮里。对于老可乐来讲，新可乐无疑是一次创新，然而因为多人反对和抵制，这项创新只好被放弃。由此可见，在有的时候人多不一定力量大，反而会让人失去理智。

从心理学角度来进行分析，人是有情感的动物，一旦人多了就形成了群体，而群体会磨灭自身个性和改变思想情感发展的方向，这是群体的一大特征，从而形成集体心理。比如，你独自在闹市中，即便闹市中人很多，但你还是坚持去购买自己喜欢的小吃，不会受到其他人的左右。而一旦你进入了演唱会的现场，你就与所有在场的人形成了一个群体，别人疯狂的情绪会带动你的情感，让你变得激动、兴奋，甚至疯狂。

当人多形成群体，受到群体情感的影响，就很容易出现反作用，这个时候人多力量不一定大。那么克制受到群体情感反作用的影响，就成为人们在逻辑上要解决的问题。我们还以《三个和尚没水喝》为例子，三个人懒惰自私的思想已经成为群体情感，此时，要摆脱这种负面的群体情感，该怎么做呢？首先是三个小和尚，他们都十分渴了，他们身体的生理需求发出了信号，这是他们决定打破懒惰自私的一个因素。其次，他们通过逻辑分析，发现只有三个人一起合作，才能够让自己的生理需求得到满足，解决饥渴的问题。因此，在打破负面群体情感时，需要从逻辑上进行分析。

2.忽略了所达到结果的好坏

在生活中，我们经常会说“三个臭皮匠，赛过诸葛亮”，然而你是否真正思考过，三个臭皮匠真的比诸葛亮还要厉害吗？这句话是人多力量大的论证词，然而，我们可以通过逻辑分析能力，对这句话进行分析。臭皮匠的智商肯定超不过诸葛亮，就如同一个笨人比不过一个天才，那么三个傻子在一起就能够抵得过一个天才了吗？显然，这是不成立的。相反，一个高智商的人，如果进入了一个智商平平的群体，那么他的智商反而会受到限制，呈现下降的状态。由此可见，人多不一定力量大。

有人将“人多一定力量大”这种逻辑关系称为“强盗逻辑”，即使我们知道人多力量大，但是有时候也是大得“离谱”的。还以可口可乐推出新产品为例子，众人反对后，的确如众人所愿，旧可乐继续生产，新可乐被取消。这是人多力量大的结果，而这种结果似乎“不靠谱”。因此，我们对待“数量越多所产生的效果就越大”这种逻辑思想，应该学会辩证地去思考。

在生活中，并非所有的事情都需要众人合力，如果在一个团队中，人们的目标不一致，或者说人们的思想不统一，那么在一起工作，彼此产生嫌隙，互相成为障碍，这样反而会阻碍目标的达成。

在遇到事情，需要进行思维分析的时候，应该站在事物本身这一面进行思考，而不是单纯想到常识。人多不一定力量大，同样，力量大不一定需要很多人一起努力。要想实现“众人拾柴火焰高”，就要保证众人聚在一起的目的都是“火焰高”。善于逻辑分析的人，在做事情的时候，不会单纯依靠数量而忽略了质量。要知道，在很多时候，高质量要比数量大更重要。

以出身来论英雄

■ ■ ■ ■

出身是什么？对人而言，出身是人的出处。每个人在社会中扮演着不同的角色，而决定角色不同的是人所处的环境变化。“以出身来论英雄”就是看到一个人的出处便决定这个人的品格、素养、知识、价值观，这样的逻辑分析缺乏十足的证据。

李小军是个外资企业的面试官，他每天都要看很多的简历，这次他们公司希望从当地高校招聘一批高才生。

李小军早已听说某经济学院学风不好，学校时常发生一些有损学校名誉的事情。因此，在进行这一轮招聘的时候，李小军特意避开这个学校的学生，他不管面试者是否学习优秀，只要毕业于这所学校，那么他就选择放弃这位面试者，不予进行面试。

通过这个例子我们可以看出，李小军将某经济学院定位成学生的“出身”，只是因为个别学生影响了学校的风气，就让他将这所学校的所有学生拒之门外。要知道，这所学校肯定有出类拔萃的人才，他们虽然身处这所学校，但是一样学有所成。李小军将“出处”看作基点，意识范围内先入为主，从而左右自己的思维做出选择，这样的做法无疑是片面的，对这所学校那些真正优秀的学生来讲，是非常不公平的，而且，作用都是相互的，这对企业发展也不是一件好事。当然，我们不能说李小军的做法完全错误，毕竟在这所学校的确存在一些学识或人品较差的学生。但是，这绝对不是必然的。李小军犯了一个十分严重的逻辑性错误：因为个体的出处是不好的，就认为群体是不好的，这个观点是不成立的。

我们做任何事情，面对任何事物，考察其出身肯定是必要的。但这只能作为我们的一种参考。不能过早下结论，不应该以出身论英雄。面对任何事情，我们首先要问，它的品质如何？而并非问从哪里来。

有“阿根廷玫瑰”之称的贝隆夫人，正是不以出身而论的佼佼者。她出身卑微，但这并没有影响到她日后成为英雄。卑微的出身也没有使其屈服。经过不懈坚持，她成为家喻户晓的明星，最终也成为被人敬仰的总统夫人。她为国家鞠躬尽瘁，更是热衷于慈善事业，这让她成为人民心目中的英雄。

通过贝隆夫人的例子，我们不难看出，卑微的出身并没有影响她获得成功，反而使其越挫越勇，出身成为她人生璀璨的催化剂。

那么，为什么现实生活中，经常会有人以出身论英雄呢？

1.逻辑上错误地认为占有优质资源的事物价值更高

我们谈到的“出身”，不仅仅是指人的出身，还可以指某些事物的发生因由。出身好，代表其拥有了更为优秀的资源或者是占有了更好的资源，那么，在逻辑上认为占有优质资源自然会有更好的价值。人的出身好，逻辑上认为人所拥有的各方面的资源就会全面而完善，从而接受的教育也会更好，这样的人知识水平、素质水平也会高。其实不然，我们常常见到一些“富二代”，他们不缺金钱做支撑，通过金钱他们可以获得更全面的素质教育，甚至能够获得更多的机会，但他们的知识水平不一定会高，他们的素质也不一定高到哪儿去。由此可见，一个人的出身只能代表他背后的支撑力有多大，但是不能代表他有多大的能力和素养。

2.逻辑上错误地将出身与可信度联系在一起

在工作中，你突然感觉胃口不适，头晕眼花，冒虚汗。此时，你的同事们开始过来热心替你分析，有的说你是不是胃病犯了，有的说你可能是昨晚没有休息好所导致的。一个同事说她的父母是医生，按照分析你的症状是低血糖的表现。我们暂且不论你是否真的低血糖，而只要我们听说这位同事的父母都是医生，那么我们对这位同事的话会更觉得可信一些，相比其他的人，我们内心会更容易接受这位同事的建议。即便如其他同事所说，你只是因为胃病犯了，那么你也很有可能采纳父母是医生的这位同事的建议，喝糖水，吃点甜食。

“以出身论英雄”的人，会将出身与可信度联系起来，他们更愿意相信这些人的建议、素养，接受这些人出身背景下的影响力。从逻辑上讲，这是错误的，毕竟医生的孩子不一定懂治病，富商的孩子也不一定懂理财。

在生活中，卑微的出身可能是平庸者的伤痛，但是“寒门出才子”的例子也不在少数，这些寒门才子的成功事例便是对“以出身论英雄”观点的最有力的反驳。我们承认人与人对资源的占有是不均衡的，但是我们不能将其资源看作成就英雄的必备条件。

陈胜的那句“王侯将相宁有种乎”喊出了他对出身的不屑，他不认为只有出身高贵的人才能做国之栋梁，古代如此，现代亦如此。我们承认，出身高贵的人成为栋梁之材的条件更充足，但是“寒门”出的学子照样可以成才。

当一个人陷入了错误的逻辑中，认为英雄要看出身，他所表现出来的意识是浅薄的，思维是狭隘的，既失去奋斗的动力，也会失去正确思维的能力。因此，我们不妨辩证地看待“出身”问题，要知道卑微的出身也可以成为前进的动力。

感觉、经验最靠谱

■ ■ ■ ■

经验指的是我们在接触客观事物的过程中获得的感觉器官方面的认知，而感觉则是对以往经验在大脑中产生的反映。不管是在日常生活中，还是在工作中，我们接触客观事物的时候，会对解决问题的方法有所掌握。紧接着，我们才能够在感觉器官得到相应的感受。很多人会认为既然经验和感觉是对客观事物的反映，那么做事情、分析事物可以根据以往经验和感觉进行，这也是最靠谱和合理的。其实不然，因为我们所处的环境、事物发展等方面都会发生变化，如果我们不能掌握事物的变化而进行分析，只是单纯依靠经验、依靠感觉，最终我们的分析和决定可能是片面的，甚至会出现误差。

我们听过《守株待兔》的故事：

一个农民正在田里耕地，突然有一只兔子碰到了一个木桩上，昏死了过去。原来，兔子受到惊吓，没看到木桩，一头撞了上去，农民心想终于可以饱餐一顿了。

之后农民不再下地干活，而是一天到晚守着那个木桩。希望每天都有兔子能自己撞上木桩。然而，奇迹再也没有出现。因为他的懒惰，导致农田里的庄稼慢慢枯萎。

固然，这则故事中的农民有懒惰心理，但是他的所作所为完全是依靠之前的经验，因为兔子自己撞到了木桩上，所以他依照之前的经验，选择在木桩旁边等待兔子再次主动“撞死”。这个农民只看到了兔子撞死，却没有看到那次是有猎人在周围打猎，大声呼喊吓到了野草中的兔子，兔子乱窜时，迷失了方向，一头撞到了木桩上。

在生活中，我们很容易被以往的经验所误导。比如，我们去一家小店买料酒，发现某个品牌的料酒竟然两元一瓶，于是我们买走了一瓶。第二次，我们需要料酒的时候，还会按照上次的经验去这家小店购买，然而这次同款料酒已经三元一瓶。当我们付完账，看到付款清单上的钱数才反应过来，这款料酒两元一瓶是在搞促销活动时。

凭借以往的经验和感受去做事情，容易让我们犯错，那么，为何我们不能单纯按照经验和感觉思考问题呢?

1.外界因素会发生变化

很多事情看似一样，但是外界影响因素发生了变化，也会影响到事物的发展变化。如我们两次去郊游，去的是同一个地方，第一次去的时候，我们会带上帐篷、吃的、喝的、钓具，等等。到了郊游的地方发现可以钓鱼。于是，在第二次去的时候，我们准备了帐篷等第一次郊游带的所有物品，十分开心地去了。到了郊游的地方发现人山人海，已经没有支帐篷的地方，就连钓鱼也是不可能的，因为水边人太多，鱼儿肯定是不会靠近岸边的。

你回到家开始思考，为什么第一次去的时候人很少，第二次去的时候人很多呢？你恍然大悟，想起来第一次去的时候是星期二，而这次去的时候是星期日，星期日人们都休息，自然出来游玩成了人们的首选，人也就多了。

凭借第一次去郊游的经验，想要在郊游地点支帐篷、钓鱼，而到了才知道这是行不通的。

2.内在影响因素也会发生变化

世界上没有一成不变的事情。比如，你第一次去打篮球，轻而易举赢了一个比你矮的小男孩儿。第二次，你又和小男孩儿打篮球，用的还是第一次打球的技巧和经验，最终，小男孩儿却赢了你。原来小男孩儿每天都去练球，并且请了专业的老师教他打篮球的技巧。由此可见，你的球技根本没有发生任何变化，而小男孩儿的球技却进步了不少，所以导致两次打篮球的比赛结果是不一样的。

3.干扰因素发生了变化

干扰因素也属于外因，但是我们在这里所说的干扰因素指的是与事物没有直接联系的因素。比如，你第一次去钓鱼，湖边人烟稀少，没有人说话，阳光明媚。因此，你收获颇丰。第二次，你又选择了那个钓鱼地点，这天天气依然很好，只是湖边来了几个顽童，不时大声喧哗，虽然顽童和你钓鱼没有任何关系，但是他们大声喊叫嬉闹，却影响了你钓鱼，这次你一条鱼也没有钓到。

在生活中，我们的感受和经验可以对我们所要处理的事物起到一定的指引作用，但并非按照感觉和经验去做就合乎逻辑和思维。我们经常会说“女人的第六感是很准的”，然而，这种第六感是否存在，只能说因人而异。事实上，说得简单一些，第六感只是一种或许存在、又或许不存在的感觉，根本无依据可言。

张华是一家企业的销售经理，他从事销售行业已经有十年的时间。因此，他见过各种各样的客户，也自信可以凭借以往的销售经验来应对各种各样的客户。

这天，他需要去拜访一位脾气古怪的客户。他凭借自己多年的经验，了解到这位客户喜欢练毛笔字，心想自己虽然不懂文墨，但是送客户一支毛笔肯定能增进与客户的感情，于是他花了一千多元给客户买了一支毛笔。张华心想，投其所好，肯定没有错。

于是，在见到客户的时候，他将自己买的毛笔当作礼物送给客户。没想到这位古怪的客户看到毛笔竟然十分生气，将张华赶了出来。

张华觉得实在难以置信，难道客户嫌弃自己送的毛笔不够好？之后，听另外一位拜访过这位客户的同事说，这位客户在退休之前是某机关的干部，他最不喜欢的就是别人送礼。此时，张华才意识到自己错在哪里。

人与人是不同的，或许其他客户喜欢张华投其所好，但是并不是所有的人都喜欢。张华凭借自己的经验做出这样的举动，最终却没有帮到他。

我们在处理日常事务时，不应该单纯凭借经验和感觉做出决定，而是应该从全局着眼，认真思考分析，找到最合适的方法。经验主义不可取，同样，感觉只是我们的一种感受，没有真实依据也是不靠谱的。

不要陷入套套逻辑的怪圈

■ ■ ■ ■

什么是套套逻辑？它又被称为套套理论，指的是一些言论，在任何情况下都不可能是错误的，因为它没有内容。比如，我们说：两足动物只有两只脚。这句话怎么可能是错的呢？因为前半句和后半句所说的内容是一样的，即便我们花费很多的工夫去证明这句话有错误，也无法找到其中错误的地方。反过来思考，我们不能证明这句话是错的，但是要想从这句话中体会到什么深刻的内容也是不可能的。换句话说，套套逻辑的内容是空的，不具备半点解释能力。

了解了套套逻辑，你可能会认为，既然套套逻辑是没有错误可言的，那么肯定是科学的。其实不然，我们可以很肯定地说，套套逻辑不是科学。为什么这样讲呢？

1.套套逻辑不能让人从中得到新知识

我们知道套套逻辑只是同义反复，根本不存在任何的新增内容。那么，即便这句话是正确的，我们从中也得不到任何新鲜体验和信息。因此，这句话只能是一种正确的表述，却不涵盖任何新鲜的知识。

比如，你去逛街，看到店铺中的一件衬衫是黑色的，但是你想要一件白色的同款衬衫。你将自己的意愿告诉了售货员，售货员回答：“这款衬衫只有黑色这一种颜色。”我们从这句话中得出只有黑色的衬衫，除此之外，你得不出其他的信息。而售货员话中的“这一种颜色”也是对前半句“黑色”的重复。

2.套套逻辑不存在可证伪性

人类研究科学的目的是对尽可能多的事物进行正确认知，而套套逻辑虽然是对的，但是对进行事物认知来讲是毫无意义可言的。正因为套套逻辑的内容十分空洞，所以不具备论证真伪科学的可能性。因此，套套逻辑正确但毫无科学意义。

哲学家卡尔·波普尔在对各门学科的研究中发现了一个有趣的现象：有的学科发展速度快，有的学科发展速度慢。卡尔·波普尔对这一现象进行了思考，他开始研究到底是什么因素影响了学科的发展速度。

通过观察和研究，卡尔·波普尔找到了一个规律：凡是发展速度快的学科，所提出的理论都具有“可证伪性”，通过论证，新的理论代替了旧理论，从而促使人们对事物的认识不断扩展。而那些发展速度滞后的学科，旧理论不能被取代，从而人们的认识也就得不到提升。因此，卡尔·波普尔认为，在科学探索的过程中，先不用管理论是否正确，其必须具备被试着推翻的可能性，也就是可证伪性，否则，就会断绝新理论取代旧理论的机会，也就更不用谈科学进步了。正因为如此，一则言论如果连逻辑上被事实推翻的可能性都没有，那么在逻辑上就直接阻止了学科的向前发展。因此，套套逻辑不存在可证真伪，自然对推动学科的进步无帮助。

3.套套逻辑的伪装性

你或许会认为套套逻辑是对的，是后面内容对前面内容意义上的重复，那么便很容易识别出哪些是套套理论。其实不然，套套逻辑极具伪装性，并不是那么容易就被识破。

哈佛大学给某个学生授予了经济学博士学位，一个老师认真看了这个学生的论文，然后说论文就是一个套套逻辑，而哈佛大学的诸多教授竟然没有看透这篇论文，认为这篇论文研究价值很高，反而给对方授予博士学位，这又让其他学生情何以堪？

可见，套套逻辑并不一定是一句直白的话，还可能是某个相对专业的话语，所以，对于很多人来讲，他们无法识破套套逻辑的伪装，认为套套逻辑所产生的言论也具有一定的研究性和作用。

在生活中，如果我们单纯追求某些言论的正确性，而不承担言论所涵盖的内容。那么，我们所说的言论是毫无意义的。人的追求大多时候是围绕新鲜事物展开的，而并非单纯为了追求事物的正确性。就以创新而言，我们要获得新鲜的知识，就要找到旧事物的弊端或偏差，从而进行逻辑思维的分析。如果我们陷入了套套理论，那么我们所运用的言论都是正确的，根本无须进行开拓和创新，而套套逻辑所产生的内容也毫无内容性，从中我们既不能看到实实在在的内容，又找不到可证伪性的思考点。不但对我们的创新思想毫无帮助，甚至还会阻碍我们对新鲜事物的认知和开拓。

陷入套套逻辑的人只看到言论本身的正确性，即“蓝色是蓝色的”，只认识到蓝色的存在，这对我们思考事物是没有什么帮助的。因此，在生活中应避免陷入套套逻辑的怪圈，学会找到可辨真伪的理论，通过合理的思维进行分辨、论证，这样所得到的结论才有助于我们思维的进步和行为的创新。

将“一些”和“所有”混为一谈

在生活中，部分与全部并不能等同。比如，“我的朋友懂一些中医理论”和“我的朋友懂全部的中医理论”意思是不同的。混淆部分与全部的概念，会导致我们对事物发生本质性的错误认知，甚至让我们的行为出现纰漏。

1.导致我们无法正确评估事物

我们对事物了解的目的是对事物进行评估和判断，如果我们对局部概念和整体概念做了错误的认识，自然也会导致我们对概念产生错误的评估和判断。

张晓宇听说吃奶制品能起到补钙的作用，于是，他去超市买了两箱奶回家。因为自己的孩子严重缺钙，医生告诉他应该多给孩子吃含钙量高的食物，因此，他认为所有的奶制品都可以起到补钙的作用。

周末，身为医生的同学去张晓宇家做客，发现他给孩子买的是“牛乳饮品”，医生同学告诉他并不是所有奶制品都可以起到补钙的作用，也并不是所有带“牛乳”字样的产品都含钙量高。

张晓宇说道："给孩子检查的医生说，多让孩子吃奶制品，我以为所有含牛奶的饮品都含钙量较高呢。"

同学继续说道："含钙量高的牛奶制品有纯牛奶，但是这种带有'饮品'字样的多半是奶制饮料，口味好，但是添加剂也多，含的牛奶量少，含钙量很低，不建议孩子经常饮用。"

经过同学的介绍，张晓宇才彻底明白。

在生活中，其实我们经常会遇到这样的情况，张晓宇将部分奶制品含钙量高理解为所有带牛奶字样的饮品都含钙量较高。这种情况就是混淆了部分与全部的定义，从而导致是无法正确评估事情。

2.影响我们对问题的解决

如果在生活中，我们对基本的概念都不能进行正确的认知，可想而知，要解决问题就会难上加难。当我们混淆了部分与全部，在面对部分否定和全部否定时，思维也会出现模糊。

某演员在一次演出中，因为动作较复杂，他无法完成，便找来了替身，让替身来完成这个复杂的动作。这则新闻被曝光之后，在他之后所有的表演中，只要是惊险的、复杂的动作，都会被八卦记者曝为"使用替身"。

其实这个演员可能只用过一次替身，但是在娱乐记者心中，这偶尔的一次在之后的表演中就代表了全部。这种是故意将部分与全部的概念进行混淆。还有一些不是故意混淆局部和全部概念的，也会给我们解决问题带来一定的负面影响。比如，说"小城做完了语文老师留的作业"，这只能表明小城做完了部分作业，而不能代表“小城做完了所有的作业”，毕竟除了语文老师，还有其他学科的老师，其他学科的老师可能也留了作业，又或许没有留任何作业，但语文老师留的作业并不能代表所有的作业。

3.影响事物本质

“一些工作做对了”和“全部工作都做对了”是完全不同的意思，前者说明还有工作做错了，我们可以找到错误的部分，然后进行改正，这样才能保证整体工作的顺利完成。而后者表明整个工作流程都是对的，没有出现任何纰漏。这两种说法表明事物本质上的区别。

又如老师问学生：“这些题全部都会做了吗？”学生回答：“有些已经会做了。”这就表明这个学生掌握了一部分题的做法，还有一部分没有掌握。如果老师错误地将“有些”当作“全部”，那对这个学生的知识掌握来讲，肯定是会有危害的。

4.易犯从部分推整体的逻辑错误

当我们在生活中看到了某个群体中一个人的错误行为，就认为这个群体的人都会做这个错误的行为，这样的思维便是由部分推整体的错误思维。

> 新闻曝光某幼儿园一个班级的某个老师经常打骂幼儿，此消息曝出之后，家长纷纷担心自己的孩子是否在幼儿园被老师打骂。最后被曝光的幼儿园面临倒闭的境地，因为很多家长选择让孩子转园。

其实，某一个老师的行为并不能代表整个幼儿园所有老师，但家长的思维是：这个幼儿园有一个老师打幼儿，证明整个幼儿园的老师都会打幼儿。因此，他们会选择给孩子转园，显然，这种思维是不合理的。

在生活中，我们需要理解概念的部分与全部，不要因为只是对局部的理解，从而影响了对整体事物发展的把控。同样，当我们看到全部事物的发展结果，也不要将全部混淆为局部。这样不分青红皂白地混淆部分与整体，不仅会让我们产生错误的逻辑思维，还会影响我们做出判断和选择。

“一些人”和“所有人”是有很大区别的两个概念，我们不能无端扩大概念中的量变，更不能有意去缩小范围中的量变。对量上的正确理解，是我们解决一些问题的基本逻辑。如果因为一次对局部与全部的认知错误，很可能会导致之后所有的操作出现问题。由此可见，在逻辑上我们不能混淆量的范围，更不能忽略量的存在。

谎言重复一百遍的结果

■ ■ ■ ■

莎士比亚曾说过："成功的骗子，不必再以说谎为生，因为被骗的人已经成为他的拥护者，我再说什么也是枉然。"看完莎士比亚的这句话，我们可能会产生疑问，为什么被骗的人会成为骗子的拥护者呢？答案其实很简单，因为"重复"，当一句话被重复的次数多了，自然就会成为一种心理暗示，从而让自己的思维不断进行重复，最终就连自己都认为自己的话是正确的、真实的。

重复是一种力量，在这里我们需要了解一下"戈培尔效应"，它指的是谎言重复一百次就会成为真理。从"戈培尔效应"进行深入分析可以看到重复发生作用的原因，是心里累积了暗示。

在古代，曾子与母亲住在费县，在费县，有一个与曾子同名同姓的人杀了人。邻居听说杀人犯叫曾子，便急忙告知曾子的母亲。对曾母说道："曾子杀了人。"曾母不慌不忙地说道："我儿子是不会杀人的。"曾母说完急忙低下头，然后继续织布。一会儿又有人跑来说："曾子杀人了。"曾母还是不相信，犹豫了一下继续织布。很快又一个熟识的人来到她面前，说道："曾子杀人了。"曾母终于相信了，她急忙丢下梭子，爬墙逃走了。

曾母开始是不以为然，后来是不相信，到最后相信认同，便是重复力量的展现，这就是戈培尔效应。

在现实生活中，我们经常会被谎言所笼络，其实，谎言经过被反复讲述，会达到心理暗示累积的效果，而心理暗示累积有着巨大的功效，这种累积能够改变一个人原本的信念，也能够让一个善良的人变得邪恶，让一个心有大爱的人变得自私自利。

在生活中，虽然谎言被重复一百遍的结果不一定会形成真理，但是却足以形成谣言。什么是谣言？其指的是在毫无事实根据的情况下，捏造的言论。谎言通过一个人的传播，可能会被遏制，但是被传播一百次就可能会形成谣言。而谣言的功能是消极的，不仅可以伤害一个人，也能够伤害一个群体、社会，甚至是伤害一个国家。

在三国时期，刘备占领了徐州，曹操率10万大军前来攻打刘备，刘备想要设计截获曹军，然而张飞有一个叫张虎的下属投降了曹操，并将计划全盘托出。这使得刘备丢了徐州，家属也被曹操掠走。此时关羽听说这件事情之后，开始假意投降曹操，意图救出刘备的亲眷。曹操为了让关羽为自己所用，给了关羽一个汉寿亭侯的职位。刘备得知关羽投降，起初十分相信关羽不会背叛自己，但其他将士都相信关羽投降了曹操，就连好兄弟张飞都对此坚信不疑。刘备便开始怀疑关羽，并抱怨关羽不信守承诺。几个月之后，关羽寻找机会救出刘备家眷，并将曹将砍落马下，这才赢得兄弟信任，谣言不攻自破。

面对关羽的假意投降，刘备开始是不相信的，但是因为很多人都在他面前指责关羽投降曹操，就连好兄弟张飞也相信关羽背叛了自己，最终，刘备也相信了。可见，一旦谎言被重复多了便很容易被人们相信。那么，在面对谎言或谣言的时候，我们究竟要如何做呢?

1.提高自身精神和心理免疫力

在很多时候，我们要从自己的内心出发，对于某些人的话要进行分析，从逻辑上找到话语的漏洞，或者从事理上进行分析，找到不合乎现实的地方。这样做的目的是让大脑得到过滤，从而选择正确的信息，抛弃错误的信息或谣传。

2.谣言止于智者

我们相信某条消息或者传播某条消息的时候，就要思考清楚，用自己的智慧和见识去进行分析，从而获得证据去证明这句话的正确性或者荒谬性。一个阅历丰富、知识广博的人往往不容易被谎言所蒙蔽，而一个见识短浅的人往往会听信别人的话，很容易接受谎言，甚至传播谣言。由此可见，丰富自己的见识，让自己变成智者，是从根本上识别谎言的技巧。

3.善于观察，发现真相

谎言所传播的信息往往是事物的假象，一个善于逻辑思维，善于观察的人往往能够对谎言中所包含的信息进行分析，找出合乎逻辑和现实的内容。而对于与现实不相符的信息自然便可以不予相信。

对于谎言，传播的人多了，相信的人也就多了。传播次数多了，人们也将谎言不当谎言了。那么，对于这种心理暗示，我们要如何防备呢?没有人不会被心理暗示影响，不管是多么睿智的人，一旦心理暗示产生，都会多多少少被心理暗示所影响。因此，我们要避免谎言带给我们的心理暗示，就要学会进行逻辑分析，分析事物原有的样子，分析自己对事物的了解，等等。比如，当有人告诉你，你最好的朋友在背后说你的坏话，一个人这样说，你可能不信，但是说的人多了，你就会相信。如果要辨别别人说的是真是假，你要做的就是凭借自己对朋友的了解，分析自己与朋友接触时的行为是否有犯错之处，然后再辨别别人的话是真是假。最终你会发现对方的话可能是谣传，也可能是为了挑拨离间。

谎言被说的次数多了就会被人当成真相，甚至会成为真理。因此，我们要善于进行逻辑分析，避免自己成为那个传播谣言的中介。

“纯天然”食品放心吗

■ ■ ■ ■

随着科技的发展，在日常生活中，人们与科技的关系越来越紧密。要知道，很多新思想和新知识需要我们随时去了解和学习，否则就很可能会被社会所淘汰。除此之外，随着人们生活水平的提高，我们开始追求“纯天然”“绿色”等概念。认为纯天然的就是好的，由于人们对转基因、人造等理论出现认知偏差，形成了这种思维，从而犯了诉诸自然的逻辑错误。

在电视上，我们经常会听到某个化妆品品牌的广告词中，有“纯天然”“植物精华”等内容，认为只有纯天然的才是最好的。于是，按照广告推荐购买了这款护肤品，发现“纯天然”的产品也不过如此。同样地，当我们在选择一些食品的时候，也是希望购买“绿色”“纯天然”的食品，然而标榜这些内容的产品，真的如我们所想的那样一定是好的吗？

我们选择相信“纯天然”产品的逻辑是什么？首先，因为转基因、人工合成等概念被人们知晓之后，有一个声音称，凡是“转基因”“人工合成”的产品都是不好的，对人体都是有害无益的。紧接着，很多商家意识到消费者的这一心理之后，便开始打出“纯天然”“非转基因”的招牌，而至于产品是不是纯天然的就不得而知了。

我们从另一个角度来讲，“纯天然”的概念就一定靠谱吗？就拿我们吃的食物来讲，因为绝大多数天然的果实需要经过进化，才能适合人类的味蕾，而进化的过程是果实自我保护机制开启的过程，因此，这些纯天然的果实常常带有毒性或者是口感很不好，如果我们选择“纯天然”的，可能不会愿意入口，甚至还会中毒。因此，我们不能说“纯天然”的就好，不是“纯天然”的就不好。这类概念不能一概而论，要知道其标准是对我们身体是否有好处，而不是是否为“天然”。

在一些电商网站上，很多售卖蜂蜜的都打“纯天然”的广告。但是，就市场对蜂蜜的需求量，我们便能够推断出“纯天然”蜂蜜是少之又少。于是，人们开始在电商平台上购买另一种更容易让人们认为是“纯天然”的产品——巢蜜，这听起来很原始、自然，卖相也更接近自然，更容易让人们觉得营养价值丰富。

尤其是在一些带货平台上，网红们开始直接对着镜头，大口大口吃着“巢蜜”，这让人觉得新奇，也吸引了大量买家。然而正是这种看似十分“纯天然”的巢蜜，却引来了造假风波。

商家鼓吹的“纯天然”其实并非天然的，大多数是半人工巢蜜，也就是商家通过人工手段进行加工而成的。就拿养蜂场的产量来讲，根本不可能大量不间断地生产巢蜜，大部分蜂农着急取分离蜜，只有很少一部分巢蜜生产，于是，会有商家直接进行以假乱真，比如，直接向巢脾里注入麦芽糖浆等性质差不多的产品，这样生产出来的巢蜜其实和糖水没什么区别。

通过上述例子不难看出，“纯天然”的概念并不一定真实靠谱。我们在生活中，不应该单纯追求“纯天然”的字样和广告，而是要把其价值当作自己追求的目标。而我们之所以会沉迷于“纯天然”这样的广告语，多半是因为我们分析问题时，犯了诉诸自然的逻辑错误。我们认为“人工制造”“人工合成”的食品是不利于人们健康的，那么它所对应的“纯天然”的产品就是有利于健康的，这样的逻辑是不正确的。

那么，在生活中，我们要如何避免犯诉诸自然的逻辑错误呢?

1.了解“纯天然”的过程

无论我们认为哪一行需要纯天然的产品，我们都要意识到在生产产品的过程中，也可能加入“非天然”的成分。我们认为天然的蜂蜜是营养最丰富的，然而，饲养的蜜蜂却是人工喂养的，所以蜂蜜也并不能被称为真正意义上的“天然蜂蜜”。

2.相互杀戮是大自然中普遍存在的规律，纯天然的不一定最好

比如，有的人认为中药的药效要比人工制造的中成药药效好，其实不然，这种追求“天然”的中药，可能没有提取后含量高的中成药效果好。

在现实生活中，我们时常会被一些商家的宣传所迷惑，甚至会为了选择“纯天然”等产品而花费更多的财力和物力。然而，世事无绝对，并不是所有的纯天然产品都是好的，我们以野生动物为例，如果纯天然的就是好的，意味着野猪要比家猪好。而经过研究发现，野猪身上的寄生虫和细菌更多，更容易引起人体的不适。因此，不是所有的“纯天然”都是靠谱的。

另外，很多广告打出“纯天然”的字样，并非代表它一定就是纯天然的。市场上不乏一些商家，为了多盈利，做虚假广告，甚至在产品上弄虚作假。因此，我们没有必要非揪着“纯天然”这个概念不放，否则就很容易犯诉诸自然的逻辑错误。

无根据的假定不可取

■ ■ ■ ■

我们要得到任何的结论前提是需要靠谱的依据，如果我们找不到可靠的依据或根据，便进行假定，那么很容易犯滑坡谬误的逻辑错误。什么是滑坡谬误？即在生活中，我们使用连串的因果推论，对于因果推论，我们夸大每个环节的因果强度，从而得到了不合理的结论。对于推断来讲，每个推断还有很多不同的可能性，忽略可能性，推断出必然性，形成一个毫无关联的结果，这就是滑坡谬误。

如果你还不清楚滑坡谬误，那么我们不妨这样来理解："如果会发生A，紧接着就会发生B，然后引发C，最后跳过对引发D、E的思考，认为会直接引发F"。通常来讲，A的发生往往不会引发F的发生，因此我们不应该认为发生A就会发生F。比如，王鹏说："屠夫先是杀了一只鸡，后来杀了猪，再后来他就该杀人了。所以屠夫不应该杀那只鸡。"

在生活中，我们要避免滑坡谬误的产生，就应该认清楚滑坡谬误的形式。

形式一：如果允许A发生，不考虑B，C是否发生，就会发生。即如果在学校有一个学生感冒，那就会引起所有班级学生感冒。这句话看似在对原因进行分析，从而推出结果，实际上是夸大了每一层原因的力度，从而得出毫无可能发生的结果。

形式二：你必须继续某种行为，因为你已经开始了第一个动作。

在生活中，我们可能在开始做某件事情之后，才会发现自己的这一决定是错误的，于是选择停止这个行为，避免自己消耗太多的精力和物力。然而，此时如果有人告诉你“你不可以停止，因为你已经开始了第一步”，那么这也是一种滑坡谬误。

王丽对好朋友李开明说：“我不想学德语了，因为我怎么学也学不会，再就是我的工作与德语没有关系，我也并不想去德国长居。”

李开明却说：“你不能停止德语的学习，因为你已经买了德语书。”

通过上述例子可以看出，李开明的理由便是一种滑坡谬误，买了德语书并不代表就一定有理由学下去，这种逻辑错误也是我们经常容易犯的。

沈俊毅敲开了总经理办公室的门，总经理问他有什么事情，他坐下后说道：“总经理，我来公司已经两年了，您是不是考虑给我涨涨工资？”

总经理问道：“你涨工资的理由是什么？”

沈俊毅说：“我来公司时间最长，如果不给我涨工资，恐怕其他新来的员工就会提出离职申请，因为他们在这家公司看不到升职加薪的希望。”

可想而知，沈俊毅要求涨工资的理由是不充足的，而他进行的假设也是不靠谱的。他所描述的涨工资的理由竟然是自己来公司时间久，而这与新人是否离职似乎毫无关系。因此，沈俊毅的回答便是犯了滑坡谬误的逻辑错误。

既然生活中存在滑坡谬误的逻辑错误，那么我们要如何来避免这种逻辑错误的产生呢？

1.假设要有切实的依据可言

我们经常会进行一些假设，而这些假设一定要有现实的依据，只有找到了靠谱的依据，那么假设才有意义。而一旦我们进行的假设不合理，那么假设也就不靠谱了。比如，今天温度太高了，如果我将手里的鸡蛋扔到地上，肯定能变成煎鸡蛋。天气热、温度高并不构成煎鸡蛋的原因，而在热的天气中，地上能煎鸡蛋也就不合乎逻辑。

2.原因要力度相当

滑坡谬误的关键点是每个“坡”的力度不同。

小李将皮球扔到了树上，树上的小鸟吓得飞走了，树上就没有了小鸟，大树上会长满虫子，大树就会死掉。在这个例子中，小李将皮球扔到树上，树上的小鸟吓得飞走了，这是正确的假设或描述，而鸟儿飞走树上长满虫子则是不合理的推断，“大树就会死掉”的推断更是“力度过大”了。

某商家在网上推出了一款加湿器，销售量很高，质量也很好，所以很少有客户提出有质量问题。然而，这天有一位客户指出加湿器买回来之后就是坏的，根本不启动。他要求商家进行调换。

商家却拒绝调换，理由是“如果调换了一位客户的产品，那么其他没有质量问题的客户出于自身原因导致产品出现问题，也会要求进行调换”。

最后，商家拒绝了客户进行调换产品的要求，这位客户因为不满便给商家差评，这条差评影响了商家的产品销量。

通过这个例子不难看出，商家拒绝调换的理由很牵强，从逻辑学角度来讲，这条拒绝调换的理由其实就是犯了滑坡谬误的逻辑错误。给这位客户进行产品调换，不一定会引起其他客户对产品调换的诉求；不进行产品调换，反而影响了产品在客户心目中的可信度。

思维逻辑的错误往往是因为人们没有找到真实的推断依据，而毫无根据的假设是不靠谱的。滑坡谬误的逻辑错误，在生活中并不少见，因我们没有经过独立思考，就得出了一个假设或是结论，这不符合正确的逻辑推理。

抱着怀疑的心思不撒手

■ ■ ■ ■

我们在对事物理解的过程中，怀疑的存在是合乎情理的，但这并不意味着我们时刻需要抱着怀疑的态度做任何事情。有选择地利用怀疑，能够让我们的思维变得更灵活；一味地抱着怀疑的心思不放手，就容易成为怀疑论的践行者。

什么是怀疑论？怀疑论和怀疑精神是不一样的，怀疑论是对人发现的真理保持怀疑的态度，既不加以肯定也不加以否定。怀疑论可以分为两种状态：第一种是将怀疑永久化，无论做什么事情都保持怀疑的态度；第二种是选择性的怀疑，并非“时时怀疑，事事怀疑”。

选择性怀疑是在了解事情之后，认为确实存在怀疑的必要性时，再质疑，这种怀疑的状态是有助于我们进行事物分析的，属于合理化的质疑。比如，我们在探讨某个存在争议的话题时，发现对方的观点存在一些不合实际的地方，那么我们的怀疑有助于帮助我们分辨正误，从而做出正确的选择。

对于第一种状态的怀疑来讲，即将怀疑永久化，认为保持怀疑的态度应该作为一种长久的状态，这从逻辑学来讲，是极其危险的事情。比如，我们需要分析一件事情，在分析之前，我们的内心就已经开始进行怀疑，从而为之后的推理埋下了障碍，甚至扭曲了推理的正确过程。时刻抱着怀疑心的人，往往会表现出极端的行为，从而做出一些对自己推理毫无帮助的举动。

在抱有怀疑思维思考事物时，要避免成为极端怀疑论的践行者，极端怀疑论者通常会认为世界上没有真相存在，任何事物都是值得怀疑的。这种思想明显是自相矛盾的，因此，这对事物的处理是绝对没有帮助的。而逻辑学的本质是对真相的推理和探究，这种没有真相的极端怀疑论显然是不合理的。如果真相只是可望而不可即，或者无法真正推理出来，那么逻辑就毫无存在的价值。

在现实生活中，对于很多事情和问题，我们都不能去进行怀疑，即使进行怀疑，我们费尽心思得出结论，那么对我们的思维有什么帮助呢？诚然，对我们进行逻辑分析毫无益处，对我们的实际生活也毫无益处，那么，我们这种对普遍问题的怀疑，恐怕就是一种逻辑上的“多余”。

邻居小李说：“今天我发现咱们小区有一个男孩儿长得很帅。”对于小李的话，莫蓓楠表示怀疑。

莫蓓楠一有空便下楼去寻找小李口中的那个“长得很帅”的男孩儿，但是一个星期过去了，他也没有看到所谓的“长得很帅”的男孩儿。

这天，小李与莫蓓楠一起下楼散步，小李突然指着不远处的一个男孩儿说：“我说的就是那个男孩儿，他长得帅吧？”

莫蓓楠看到小李口中所说的“帅男孩儿”，心里再一次开始怀疑，这样的男孩儿为什么会被叫作帅？自己并不觉得这个男孩儿帅，可为什么小李觉得他帅？

莫蓓楠就“帅男孩儿”的事情，开始与小李展开讨论，莫蓓楠的语气很激烈，最终和小李不欢而散。

通过这个例子可以看出，莫蓓楠是一个常常抱有怀疑心态的人，对于小李告知他小区有一个长得很帅气的男孩儿的事情，其实他并没有必要进行怀疑。原因很简单，首先，每个人对于“帅”的理解是不同的，小李觉得帅，莫蓓楠可能就不这么认为了。其次，对于这件事的研究和质疑，究竟有什么目的性呢？可见，莫蓓楠对一个毫无怀疑价值的事情进行怀疑，本身在逻辑上就是毫无必要的行为。

在生活中，我们没有必要让普遍怀疑论成为我们推理的逻辑思维。对待一些问题，我们需要进行怀疑，而在怀疑之前，我们要有足够的论证，通过怀疑我们能够发现事物的真相。无端的怀疑或者说毫无合理性可言的怀疑，不但无法帮助我们进行推理，反而会阻碍我们正常推理和分析。

一个极端怀疑论的践行者不但把握不住逻辑分析的重点所在，反而会让原本看似简单的逻辑推理变得复杂。虽然怀疑的存在是合理的，但是我们需要学会怎样去利用它，而不是无休止地乱“猜测”，这样的行为对我们进行逻辑推理是毫无益处的。我们不能打死所有的蟑螂，也不能怀疑所有的地方都生活着可恶的蟑螂。这应该是我们对待怀疑的态度。

第四章

为什么会有非逻辑思维

逃避自己捉摸不透的事情

■ ■ ■ ■

无论是在生活中还是在工作中，我们总是会遇到一些难题，这些难题可能是我们一时半会儿所解决不了的，甚至是我们想不明白的。而这些难题或我们不明白的事情，在逻辑学上都可以称它是不可知的。面对不可知的事物，很多人的第一反应就是“搁置”“暂且放下”，甚至用一种逃避的思想去面对，从而获得暂时的“解压”。

我们在这里要说到一种人，即不可知论者。究竟怎样的人我们称之为不可知论者呢？这些人经常会宣称自己没有足够的证据去做某个事情或者做出准确的判断、推理。不可知论者的逃避思想多与宗教信仰有一定的联系。比如，一个无神论者会很坚定地说世界上根本没有神，而一个不可知论者则对这一问题做出模糊的回答，即不知道世界上有没有神存在，他不否认也不肯定，因为他认为这件事情是不可知的，这与怀疑论者有相似之处。

不可知论者的问题不仅仅表现在宗教方面，在其他方面也是如此，他们总是认为事物的状态是不可知的，有时候对待已经明确的事情，也会用不可认知的逻辑去思考。他们不肯定事物的存在，也不否认事物的存在，用这样的一种方式来逃避自己捉摸不定的事情。

我们对不可知论者进行归类，可以分为两类。

1.诚实的不可知论者

诚实的不可知论者的逻辑并非不合理，当我们认识到自己对某方面的认知未达到一定的程度，那么我们如果做出确定的判断，自然就是一种不负责任的表现。比如，至今人类也不知道外星到底是否存在其他生物，因为没有确切的证据证明外星生物的存在，也没有证据证明外星生物根本不会存在。所以此时我们可以诚实地认为，对于地球外生物是否真正存在，我们还没办法做出准确的判断，所以对于地球外生物这一问题，的确还无法认知清楚。

2.逃避性的不可知论者

逃避性的不可知论者是将原本可以解决的问题，当作不可解决的问题。即使在对事物进行研究之后，他们还是会认为这个问题无法做出回答，即通常会用“我不知道”“我不确定”作为答案。而此时他们已经付出努力进行了调查，这个时候的“我不知道”“我不确定”与没有付出努力时说的“我不知道”“我不确定”在本质上是有区别的。他们将“我不知道”“我不确定”当作自己逃避结果的借口，这种无知是懒惰的，甚至是自私的。

逃避性的不可知论者在面对事情时，往往选择一种逃避的方法来应对，这样的思维逻辑会产生巨大的消极影响。

在生活中，我们会遇到很多捉摸不定和无法理解的事情。在面对这些事情的时候，我们要对事物进行分析，而不是逃避问题的出现和逃避结果。

自古人们都在探索人类是否可以永生，人们渴望永生，但是就目前的研究状况来看，人类要达到永生的状态似乎是不可能的。然而，对于不可知论者来讲，他们称“人类是否可以永生，我们不能下定论”。这种言论很容易使得一些人认为“人可以永生”。因此，对捉摸不透的事情进行逃避的后果可能会产生歧义。

逃避性的不可知论者可以认定为一种自我麻痹，比如当一些人看到一些用现代科技无法解释的事情时，他们会选择相信鬼神的存在，甚至将这些鬼神当作自己的信仰。而这种无知的行为，可以麻痹人们的思维。原本这些人不了解某方面的科学，如果相信科学，则会进行研究，经过研究是可以发现自己无法解释的现象的原因的，而一旦相信鬼神，便开始听天由命，不再进行科学的探索。这种逃避自己不能认知的事物，本身就是一种无知的表现。

一个人会遇到很多自己捉摸不透的事情，而逃避的逻辑似乎会让人们的压力暂时得到释放。但是，在逻辑思维的领域中，这种逃避本身就是不合乎逻辑的。有人错误地认为暂时的逃避能够帮助思维跳跃式思考的形成，要知道逃避的后果往往是具有破坏性的。

每个人的经历不同、知识面不同，所以受到多种因素的影响，对外界事物的一些认知也是有所不同的，对事物的认知程度也是不一样的。因此，遇到自己不清楚或者是捉摸不透的事情，也是在所难免的。而此时，我们只要根据事物发展的逻辑进行思考，在这个领域多下功夫进行探索，那么我们是可以找到合适的答案的。逃避不是办法，只有正确地逻辑分析才可化解捉摸不透的危机。

推理的原因

■ ■ ■ ■

推理是理智地通过某些前提条件得出事物的真相的过程，我们称之为逻辑推理。推理本身是没有对错善恶可言的，推理的目的有好有坏。要知道并非出于好的目的的推理叫推理，在历史长河中，很多违法事件都具有精确的逻辑思维和逻辑推理。

无论好事坏事，都可以进行推理。就拿不好的事情来讲，人们预先设想的目的本身就是错误的。因为逻辑并不仅仅是正确的推理过程，也可能是扭曲事物的思维过程。因此，如果推理的目的是错误的，那么推理过程再正确，其实现的也是错误的目的，其结果也是不合乎逻辑的，而合乎逻辑才能合乎真相。我们进行逻辑思维的目的就是要找到事物的真相，从而展开合理的推理，这应该就是推理的原因。

推理分为两种，即直接推理和间接推理。我们习惯通过事物的表象进行直接推理，也可以借鉴中介物来展开逻辑推理。除此之外，推理的形式还有很多，具体如下。

1.演绎推理

这种推理方法是从一般到特殊，通过推导和演绎，从而得出具体的结论或论述。这种推理方式思维缜密，具有不可替代的作用。这是因为演绎推理能够有效地根据它的内容进行推理。

曾经有一个人请甲、乙两位朋友吃饭，他走进饭店，发现朋友甲已经来了，而等了好大一会儿，朋友乙还没来。此时，他自言自语说：“怎么该来的还没有来？”

恰巧，这句话被朋友甲听到了，朋友甲很不开心，心想：难道我不该来吗？既然我不该来，那么我就走吧。于是，朋友甲转身离开了。

这位请客的主人说“怎么该来的还没有来”的本意是说他本打算请的是甲、乙两个人，而乙一直还没来。而朋友甲的思维过程是：该来的还没有来，我不是该来的人，那么我就走吧。

这个案例就是典型的演绎推理中的直言三段论。

2.归纳推理

归纳推理指的是从个别的知识中推断出一般性的结论。比如，是什么地理环境发生变化，导致狗乱叫、鸡乱飞。归纳推理并非全部都是合理的，推理出来的结果也并非都是正确的。比如，我们看到一只孔雀开屏了，又看到第二只孔雀也开屏了，于是便得到结论，所有的孔雀都会开屏。显然，这个结论是错误的，了解的人都清楚，只有雄孔雀才会开屏。

学者发现了一只企鹅，发现这只企鹅不会飞；之后又发现了第二只企鹅，第二只企鹅也不会飞；随后发现了第三只企鹅，同样第三只企鹅也不会飞；最后发现一群企鹅，一群企鹅都不会飞。因此，学者得出结论，所有的企鹅都不会飞。

3.类比推理

在古代，有一位十分信佛的老母亲，她一天到晚嘴里总是会嘟囔“南无阿弥陀佛”。她的孩子每天听母亲念叨这句话，这天孩子实在忍受不了了，便想了个办法。

这天，她的孩子早晨一起床便喊“妈妈”，这位母亲开心地答应着。随后，孩子又喊了声“妈妈”，母亲还是耐心地答应了。随后，孩子开始不停地喊“妈妈”，这位母亲终于失去了耐心，生气地喊道：“不在，不在，妈妈不在，你烦不烦？”

听完妈妈的话，孩子笑着说：“我才喊了您几次妈妈，您就这样不高兴了。您一天到晚念‘南无阿弥陀佛’，您就不怕佛生气吗？”

虽然这只是一个故事，但这就是类比推理的典型例子。

在生活中，很多事情不是看到什么就是什么，是需要推理的。比如，昨天听邻居说小区小商店的那个老太太生病了，孩子都去医院照顾老太太了，你就可以推断出这几天小商店肯定会关门。其实，这些看似很平常的事情，我们在经过简单思考之后，便能够得到真相。不过，我们会忽略一点，那就是我们已经用到了推理。并不是只有复杂的事情才需要进行推理，很多简单的事情也是通过大脑推理出来的，只不过我们没有意识到罢了。

在教室里，老师拿出了一幅照片，照片上有三个人，三个人身处池塘。其中，甲、乙两个人乘坐在小木筏上，只有丙一个人站在池塘里。丙浑身湿透了，手里拿着一张渔网，露出很无奈的表情。甲看着丙，露出惊慌的表情，在小木筏上站着。乙侧身看着甲，脸上露出笑容。

老师让同学去进行推理，然后问同学们为什么丙一个人站在池塘里。

有的同学回答，丙是为了去池塘网鱼，自己跳进水里。老师笑着摇摇头，其中一个同学回答道："丙是被甲、乙两个人推进池塘里的。"

老师接着问："丙是被谁推进池塘的？"

同学回答："被甲直接推进池塘的。"

老师又问："那为什么甲露出惊慌的表情？"问完，老师补充道，"你回答得很正确，但是请你告诉大家，你是怎样推理出来的吧。"

这位同学回答道："首先，通过丙浑身湿透，头发也是湿的，再加上他无奈的表情，我知道丙绝非自己跳进池塘的，肯定是小木筏中的两个人所为，因为三个人是好友，所以丙并没有生气，而是露出无奈的表情。再者，从丙站的位置可以看出，他距离乙很远，虽然乙露出愉快的表情，但是他要想推丙下水，必须穿过甲才行。由此可见，丙之所以会掉进池塘，肯定是甲在划桨的时候，不小心碰到了站在船头网鱼的丙，使丙意外落水，从而甲露出惊慌的表情。之所以他会惊慌，是因为丙落水是拜他所赐，再者甲也并不是故意要将丙推下水的。"

听这位同学说完，老师笑着点点头。

在生活中，我们遇到问题，可能不会一眼看出事物的本质，如果再不加以推断，我们很可能会将事物的当作真相。当然，在进行推理之前，我们要确定推理的真正原因或动因是什么，这样的推理才更有目的性，也才更有利于我们发现事物的本质。

论证不是争吵

■ ■ ■ ■

论证是一种理性思维的产物，在进行论证之前，我们已经对一个论题进行了思考，也会为了论证自己的观点，进行资料的考证与思考。而争吵显然是一种情绪化的争论，这种情绪化代表了一种感性思维，通常在争吵之前不需要进行理性思考，更不用进行观点的资料考证与收集。从逻辑思维的本质上来讲，论证与争吵是完全不同的。

人是有感情的动物，因此，我们带有个人色彩和感情去对待某些事物是在所难免的。毕竟每个人有每个人对事物的认知，人属于感性的动物群体，在生活中，面对很多事情，我们总是先从情感的角度进行分析。只有善于理性思维的人才会想到如何理智面对某件事情的发生，或者是理性面对所处的状态和环境。

既然人是感性的动物，那么我们要想彻底摆脱情感的束缚，完全依照理性思维，这是完全不可能的。再冷血的人，也不可能彻底摆脱情绪的干扰，即便是暂时摆脱感性，选择理性思维的论证，那也是不现实的。没有人能够纯粹使用理性思维思考事物，因此，我们在论证的过程中，多多少少也会涉及情感，但是这并不意味着论证就是争吵，吵得过就能赢，吵不过就输了。

争吵除了感性思维的介入，更多的是一种气势的斗争，双方争吵，先不论谁的观点正确，从气势上来讲，气场足够强大的人往往能够在争吵中占上风。这种气场更多的是一种感受，而非理性思维能够铸就的。而论证需要的是论题、论点、论据的合理性和充足性，论证的人气场再怎样强大，如果缺乏足够合理的论据，那么论证的结果恐怕也无法如自己所愿。

从内容来讲，论证所围绕的内容多半是专业的，甚至是比较有争议的，需要理性思维的介入，甚至要经过长时间的探索才能够展开论证。而争吵似乎不涉及范围之说，任何事情、任何人都能够发起一场可大可小的争吵，而争吵也不分青红皂白，争吵双方似乎各有各的理，即便一方没有道理可言，也可以理直气壮地进行辩解。

在生活中，很少有人去主动地论证某个事情的合理性或者不合理性，但是争吵似乎就十分常见了。论证需要一定的论据，而论据可以是生活中的例子，也可以是一定的专业知识和素材，但是争吵所需要的证据似乎不用扩展，只需要围绕当下发生的这件事情进行争辩即可。

既然论证不是争吵，在理性论证方面，我们要注意什么呢？

1.论证要掌握方法

我们在论证某个论点之前，需要找到适当的论证方法，只有运用了一定的方法，才能保障自己的论证观点更容易被接受。而论证方法也是我们思维方式的表达，通过语言的表达，让他人接受我们的思维方式，从而依从我们的论点和观点。

某电视台有一档综艺节目，其主办方邀请善于辩论的嘉宾到场，然后分为两队对某一观点进行辩论，其中一场辩论围绕“父亲每周需要陪伴孩子12个小时是否有必要”展开，两队通过阐述一些观点和道理进行论证。

甲方认为父亲有必要每周陪伴孩子至少12个小时，他们就父亲在陪伴孩子中的作用和对孩子的好处进行辩论；乙方认为没有必要要求每个父亲都陪伴孩子12个小时，认为父亲主要负责工作，可能根本没有这样的空闲时间来陪伴孩子。

甲乙双方无论哪一方的观点正确，他们的论证都需要一定的方法，甲方运用了道理论证，文采语言都极具说服力，而乙方则运用了对比论证的方法，正误分明。这场论证虽然暂时无法分出对错，但是却十分精彩。

2.论证需要充足的论据

我们在进行某个观点的论证时，首先考虑的是这个观点是否有足够的论据做支撑，当我们能够找到充足的资料或理论去支持论点时，我们才具有了进行论证的条件。如果我们的论点根本没有足够的论据做支撑，就很容易被反向论证所击破，那么我们的观点也就不被认可了。

3.论证要有理，而非有“气”

理，可以指道理，也可以指理性。我们进行论证要凭借理性思维展开。同时，我们的观点必须是有一定道理的，而不是毫无事实根据的，更不是凭空想象出来的。因此，我们要找到自己论证议题的立足点，而不是凭借自己的情绪做支撑。

论证是一种可圈可点的辩论，对于某个论点的论证都是有论证空间存在的。对于一个客观存在的确定真理，我们要想进行正、反两方面的论证恐怕是不行的，因为真理是确定的，我们找不到击败真理的论据，自然也就无法进行辩论了。

真诚的态度也有短处

■ ■ ■ ■

真诚是进行逻辑思维的必要条件，而并非充足条件。我们要进行逻辑思维，就需要对自己认可的论点和观点进行了解，让自己从心底里认为这种观点是正确的，具有论证的可能性，从而让对方信服自己的观点。要让别人信服，首先要真诚地去认可自己的观点，如若不然，你的推理便很容易被对方的论据所击破。

换句话说，如果你与他人进行论辩，而你对自己的观点还做不到从心底里认同，怎么能够让对方认可自己的观点呢？因此，用真诚的态度对待自己的逻辑思维，这样才能够更坚定自己的观点。

具有真诚的态度，就能表明观点的绝对正确吗？其实不然，这也是我所说的真诚绝对不是逻辑思维的充足条件。真诚的态度只能代表我们对自己观点的认可，但并不代表我们的观点就一定正确、我们的思维方式就合乎情理。

我们认可的观点和逻辑，即使并非正确，我们也可以真诚地对待我们的观点，从心底里绝对真诚地相信我们的观点。这不影响别人指责我们观点的不合理性。同样，坚持到底的真诚，也会产生绝对的逻辑错误，这也是逻辑上真诚态度的短板所在。

真诚只能表明我们对待思维的态度，绝不代表观点的正误。因此，我们在进行思考的过程中，要想让对方顺从自己的思路，那么首先要真正认可自己的思路，然后通过论证或推理的方式，让对方相信自己的思路，说服对方按照自己的思路进行思考。

好战者从人类文明开始进行举例分析，并借用历史上重大战争即战后世界的发展来进行举例佐证。他们十分认可自己的观点，并想要用这一观点为自己发动战争找一个看上去很合乎情理的借口。但随着社会的发展，越来越多爱好和平的人士和国家发现，战争不是社会进步的促进者，相反是社会稳定发展的最大威胁因素，它不能加快人类文明的进化，反而会摧毁人类文明。战争只能是资源掠夺的借口，是某个强国成为霸主的借口，而好战者的论据也是有很大局限性的。

可见，真诚的态度追求的思维也可能是错误的，观点的错误，最终导致的结果是真诚的态度所无法弥补的。

有些人偏爱某个观点，从而心甘情愿地“臣服”于这个观点，而这个观点可能是大错特错的，但是他们只是偏爱，而非对某个观点的绝对认知。

有的人说运动对人们的养生毫无益处，反而“静止”才是人类长寿的秘诀。他们的论据是：乌龟很少运动，并且运动速度很慢，但是乌龟能够活的时间很长，所以，静止能让人类更易长寿。这些人偏爱静止养生的理论，因此他们不去思考人类与乌龟生存环境和身体架构的不同，甚至不去思考人类的特殊性。他们只是一味地喜欢“静止”

铸就长寿的这套理论，然而，从人类进化和体质研究中会发现，运动健身才是健康长寿的正确方法。

从情感角度来讲，真诚只是一种态度，从这种态度本身来讲，是一种正能量的体现。然而，当这种真诚的态度运用于错误的观点或逻辑中时，它可能会为这种错误加码，让人们更容易坚持错误，从这点来看，真诚的态度也就具有了弊端。相反，如果说将真诚的态度贯穿于正确的逻辑思维和论点上，那么，人们会更加愿意坚持自己正确的逻辑，从而更容易去说服别人相信自己正确的逻辑。

在逻辑思维过程中，单单拥有真诚的态度是远远不够的，毕竟人要真诚，更要有正确的观点和逻辑。如果我们将真诚的态度用到了错误的逻辑中，那么我们所得到的结论也肯定是不科学的。只有当我们将真诚的态度付诸正确的观点和逻辑，那么才有可能让别人信服我们的观点，才能让持对立观点的人愿意接受我们的逻辑思维，从而愿意放弃自己的思路，跟随我们的观点去思考事情。因此，真诚的态度不能将谬误变成真相，更不能将错误变成正确。因此，不是所有表现出真诚态度的观点的持有者都是在坚持真理，这也恰恰是真诚态度所赋予错误逻辑的伪装技巧。识破真诚掩护下的伪装，才能够找到真正合乎逻辑的推理方式。

跟着常识去思维的局限性

■ ■ ■ ■

逻辑思维基于常识，但绝非等同于常识。我们日常会接触很多常识，不难发现，逻辑思维的出现归根于常识的某一方面，因此逻辑思维出于常识，却又高于常识。究竟什么是常识？常识，是生活中我们对一些容易理解的事物的一种认知或总结。由此可见，我们所了解的常识源于现实生活，但它并不能代表所有的思维动态，我们不能单纯依靠自己掌握的常识来进行所有事物的思考，否则思考将变得局限和片面。

常识是我们对生活现象的一种总结，从而方便再次出现类似的现象时，能够以同样的思维进行思考，为大脑找到一种解决同质问题的捷径。如果我们将思维单纯定位于常识，那么我们的思维就存在一定的局限性。比如，我们在洗衣服的时候，发现自己衣领上的汗渍较脏，便会将衣领处先放在温水中浸泡，然后在领口处放上皂粉，进行单独清洗，清洗之后再将衣物放进洗衣机，最终发现，衣服整体清洗得十分干净。如果在洗衣服时你都是用这种思维进行，那么当你遇到衣服上沾了血渍，你仍然先放在温水中浸泡，然后再用洗衣液进行单独清洗，再放到洗衣机清洗，你会发现血渍仍然是存在的。为何会出现这样的结果？我们姑且不讨论洗衣液的去污作用是否够强，单从血渍和汗渍与放了洗衣液的温水进行混合后，产生的变化进行分析，便知道这两种物质是不同的，产生的效果也有所不同。由此可见，如果我们根据常识，按照同一种思维进行问题处理，得出的结果自然是不一样的。

在生活中，人们希望能够找到便捷的方法来解决自己遇到的所有事情。因此，很多人会认为，利用常识进行思考是最为节省时间的思维方法，但是跟着常识去思考的局限性也是很大的。

1.常识会起到误导作用

在当今社会，信息传播如此迅速，很多常识所传递出的信息不一定是正确的。当我们所接收到的常识不正确时，那么这条信息便会阻碍我们进行正确的思维和思考，甚至会导致行动发生错误。

> 曾经一则网文消息中称：大量吃苹果对口腔疾病的预防是有效的，原因是苹果中富含一种纤维质，这种物质对清洁牙龈有很好的作用。另外，吃苹果后不漱口，会导致蛀牙的发生。

吃苹果好处多多，这点我们都能接受；如果说吃苹果有助于防治口腔疾病，姑且我们也接受；但是吃苹果不漱口会诱发蛀牙，这句话恐怕就会对人们产生误导。要知道，并没有任何一位专家或者是专业人士指出蛀牙是由吃苹果不漱口所引起的，如果说苹果这种有益人体的水果都能引起蛀牙，那么我们吃任何东西是否都要漱口，否则就会引起蛀牙呢？如果将这则信息当作一条常识，那么势必会误导我们的日常思维和行为。

2.有些常识虽然被人们认知，但是人们却无法正确认识常识

错误的常识本身对我们是不利的，很多时候，人们也许已经意识到了常识的不正确，但是却不愿意去改正，甚至不想去改正。

我们不妨分析以下常识：

一、饭后不宜做剧烈运动；

二、早饭对人体健康很重要，长期不吃早饭不利于人体健康；

三、晚饭不宜吃太饱或者过于油腻。

对以上常识，很多人会因为工作而无法做到。我们以快递小哥为例，他们饭后直接开始繁重的工作，根本没有时间休息。而又由于紧张的工作，早起不吃早饭的人大有人在。在晚上下班之后，一天没有好好吃饭，晚餐成了重中之重，大鱼大肉成了晚餐的标配。这样的情况并不少见，难道这样做的人不知道以上三点常识吗？不然，只是很多时候，尽管人们了解常识，但是对于个体来讲，常识具有一定的局限性，跟具体现象又不太契合。

3.某些常识没有科学性可言，本身就是错误的

虽然常识是人们在生活中的一种总结，甚至是专业人士的一些具有权威性的观点，但是错误的常识也不少见。比如，我们经常听人说喝隔夜茶不好，很多人会将前一天晚上泡好的茶，在第二天倒掉。然而，没有任何一项研究表明喝隔夜茶有什么危害。因此，对于一些常识，我们应该意识到其本身是有缺陷的，没有必要全部按照常识进行思维。

很多常识是人类根据以往经验进行的一种总结，因为经验并不一定是通用的，所以常识也并不一定通用，这就是常识本身所体现出的局限性。

我们对问题的思考和逻辑分析，可以参照常识，但是也不能全部按照常识的方法去解决。毕竟，随着科技的发展，人们对事物的认知程度也在不断提高和完善。对于以往不了解的事物，随着时代的发展，可能会得出新的结论。因此，常识会受到科技水平、知识水平的影响。

当手机还不是人们日常生活所必需的物品时，我们肯定不知道常看手机会影响视力。而当知道常看手机会影响视力的时候，我们不能确定是否所有人的视力都会受到手机的影响。这就是常识所带有的思维局限性。

玩世不恭和盲目乐观主义

■ ■ ■ ■

玩世不恭的人多是出于对现实不满，从而采取一种不严肃、散漫的生活态度。而盲目乐观主义者，是错估了形势或现实，在论据不足的情况下，对事物做出了极其乐观的预测。这两种人在逻辑上都是不合理的。

我们先说玩世不恭的人，这类人往往是一个受伤者，他们曾经受到过不平等的对待，内心产生了不满和委屈，从而表现出一种懒散和不认真的态度，用这种态度和状态来保护自己的内心不再受到外界的排挤。玩世不恭的状态是对事物形成偏见的诱因之一，因为在他们深入了解事物之前，内心已经先入为主地做出了判断，这个时候判断的论据是不充足的。

盲目乐观主义看似是选择一种乐观的处事风格来对事物做出判断，然而在逻辑上也缺少论据，多是一厢情愿的。这种态度的人多半会阻碍对真相的探索。

一个玩世不恭的人在面对一个问题时，他会认为：论证的问题本身就是荒谬的，因此他不会主动去寻找论据，同时也会认为：即便进行辩论，辩论本身也是没有意义的，因为他人的观点是荒谬的。

一个盲目乐观的人第一次看到一位男士，他便会认为这位男士具备了童话中王子般的容貌，拥有英国贵族般的绅士风度。他所描绘的男士是毫无缺点的，实则这是对现实人物的一种扭曲和夸大。在他的心目中，某些美好的现实就是极度完美。但是如果我们听从了这些极度完美的“现实”，便再也看不到更加美好的事物。

无论是玩世不恭者还是盲目乐观主义者，在他们的眼中，世界不是世界本身，而是他们心目中的世界，是他们想象出来的世界。

在男士服装店内，一位女销售员正在打扫卫生，进来一位年轻的男士，女售货员走上前，热情地询问男士需要买什么，男士四处打量着，说道：“我自己看看。”

女销售员没有急于向客户介绍产品，男士自己先看了一圈，冲女销售员说：“没有一件T恤衫是好看的。”说完就要离开。女销售员赶快上前，推荐了一件简单大方的T恤衫，说道：“这是今年的新款，卖得很好，先生您可以先试一下，看看效果。”

男士看了一眼销售员手中的T恤衫，说道：“新款穿起来不一定好看，新款产品卖得好，证明穿的人会很多，如果撞衫，发现别人比自己穿着更合适，那我岂不是很尴尬？”说完之后，男士转身走出了服装店。

紧接着店里进来一位女性顾客，显然，她是替别人买衣服的。女士告诉女销售员，自己需要买一件衬衫，女销售员在询问要买衬衫的男士的年龄之后，便给对方推荐了一款衬衫。女士看了一眼衬衫，说道：“这件衬衫太老气了，我先生虽然已经五十多岁了，但是长得却像十八九岁的小伙子，你推荐的这款像六七十岁的大爷穿的。”女士之后也走出了店铺。

这个例子中，第一位男士顾客到了服装店，看了销售员推荐的T恤衫，说“卖得好，证明穿的人多，撞衫了发现别人比自己穿着更合适，那我岂不是很尴尬”。这种表达就是一种悲观的看法，事实并非如此，他悲观地认为穿的人多了肯定会撞衫，自己穿着没有别人好看。而第二位顾客说的话可谓是过于“自信”和夸大了，可想而知，一位五十多岁的男士，再年轻也不可能和十几岁的小伙子一样，这位女士是典型的盲目乐观主义者。

玩世不恭的人总是戴着有色眼镜去看事物，从而思考问题的。在他们的眼中，很多事情是不用努力的，因为他们认为努力了也无法实现。比如，他们在社会上受到一次不公平的待遇之后，就认为世界上根本没有公平可言，甚至认为自己是世界上最委屈的人，所有人都欠自己的。因此，这些人会消极对待外界的事物，甚至不会积极付出自己的努力，认为即便自己做事情再认真也不会换来想要的结果。因此，这类人开始自暴自弃。相比玩世不恭的人，盲目乐观主义者更善于乐观看事情，但他们的乐观也是盲目的，即毫无事实根据的乐观。比如，需要参加一次大型的考试才能获得某个收入颇非的工作，他们会认为只有自己才是最适合的人选，别人都不如自己，从而不去进行考前准备，而结果则是丢掉了这次就业机会。

玩世不恭的人在困难面前表现出的态度是：我怎么努力也克服不了命运的安排。盲目乐观主义者在困难面前表现出的态度是：我只需稍稍付出便轻而易举化险为夷。两种看似相反的态度，其表现出的思维都是不合理的。

无论是玩世不恭者还是盲目乐观主义者，他们的思维往往脱离事物的本来面目，而是凭借自己先入为主的思想进行思考，这种“非客观”的思维方式换来的只能是不切实际的后果。由此可见，玩世不恭的人和盲目乐观主义者的思维都是不合逻辑的。

眼界狭窄的人见识短

■ ■ ■ ■

进行逻辑推理的目的是发现真相，尤其是面对复杂的事情时，是为了拨开迷雾，找到事情的真相。而在真相被发现之前，我们根本不知道真相所处的位置和方向，所以需要通过自己的眼界和见识来确定搜索真相的方向和范围。如果一个人的眼界狭窄，那么他所确定真相存在的范围必然也是小的，自然，寻找到真相的机会也很小。不仅如此，眼界狭窄的人会拒绝一些选择，从而偏离寻找真相的方向，甚至不去探索真相。

在一个商场里，一位母亲在疯狂地寻找自己刚走失不久的孩子。原来母亲带着孩子去逛商场，母亲只顾着试穿衣服，竟然忘记了自己五岁的孩子。她是在第三层丢的孩子，于是她疯狂地在自己所处的第三层寻找，而没有去其他楼层进行寻找，因为她认为孩子不会自己单独乘坐电梯，肯定还在第三层。正是由于这种主观意识，这位母亲缩小了搜索范围，她放弃了孩子可能去的百分之八十的区域，只是在百分之二十的区域进行寻找，自然找到的概率是很低的。最后，这位母亲通过商场的工作人员的帮助，在第五层找到了孩子。原来孩子发现找不到母亲了，便想起在商场的第五层有一个电影院，母亲曾经带他去看过电影，于是他就跑去那里找母亲。

从上面的例子可以看出，这位母亲有意识地缩小了搜索孩子的范围，孩子所在的区域可能在商场的任何一个角落，而她却狭隘地认为孩子是在第三层走丢的，那么肯定还在第三层。在生活中，类似这样的事情并不少见，之所以我们会缩小寻找真相的范围，是因为我们的眼界不够开阔。

一个人的眼界会对逻辑思维产生影响，那么如何让自己的眼界变得更加开阔呢？

1.建立理性的基础

眼界狭窄归根于缺乏理性的基础，当然过于开放地接受一切的理性思维也是不可取的。我们可以通过学习发散思维的方法，让自己的思维更加活跃。不仅如此，在生活中，也要多接触一些外界事物，了解更多自己从未接触过的事物。通过对外界的了解，洞察更多事物的细节，从而让自己在遇到事情之后，能够更好地进行理性思维。

2.合理地开放思想

如何合理地开放思想？过于开放的思想如同脱了缰绳的野马，会失去奔跑的方向，更找不出自己奔跑的原因。而不够开放则是将思维进行禁锢，没有给思维足够的活动空间，这自然不利于真相的寻求。由此可见，合理地开放思想能够让我们的思维变得活跃，同时设定合理的范围，以便节约时间和精力。

3.多角度去分析问题

生活中的答案不是简单的，我们通常接触的事物是复杂的，而对复杂真相的寻找，需要我们多角度去分析问题。换位思考是我们开阔眼界的一种不错的自我训练方式。

一个人的眼界是开阔还是狭窄，其实受到很多方面因素的影响。比如，一个学问精深的人，在对待某些问题方面是拥有开阔的眼界的，但这并不意味着他处理所有事情都能够游刃有余。学问对于开阔眼界是必要条件，但绝对不是充分条件。眼界开阔的人的学问不一定会很高，但学问深厚的人在某方面肯定是有一定眼界的。

在电视剧《老酒馆》中，有一个老头，他很穷，每次来酒馆只打二两酒，有座他就坐，没座他就站窗边。别人踩了他的脚，他说："是我的脚耽误您脚落地了。"店主看老头可怜，便故意多给他打了二钱的酒，他看酒打多了，便将二钱酒钱放在酒杯下，没有少给店家一分钱。有的客人看老头上了岁数，故意捉弄他，趁他不注意往他的酒杯里倒水，他明知此事却没有指责别人，而是喝下掺水的酒。店老板大方请客人吃饭，他却说，"无功不受禄"，死活不肯白吃这顿饭。

就这样一个老头，他明事理，看懂人心，见多了百味人生，什么理、什么情都懂，他的眼界不可谓不开阔。这样一个穷老头，他没什么学问，却懂得做人做事的原则，也明白人心的真相。

一个人的眼界能够决定这个人思考事情的方式。如果一个人眼界狭窄，本该应该成就的好事，也可能会变成坏事。而如果一个人的眼界开阔，看似是坏事却也能成为好事。

古代，有一位老人养了几匹马，一天，马跑了，怎么也找不到。邻居以为他的马丢了，他会伤心，便好心来慰问。老人却说："难道这是一件坏事吗？”几个月之后，老人的马竟然带了一匹胡人的良马回来。此时，邻居们又开始来祝贺他，老人却说：“这难道真的是一件好事吗？”果不其然，他的儿子骑着胡人的良马，不慎从马上掉了下来，腿摔骨折了。邻居听闻，又来慰问老人，老人说道：“这怎么就不能成为好事呢？”没想到，过了一段时间，胡人入侵，壮年男子都要入伍作战，而他的儿子因为腿摔伤不能被征入军队，从而避免了征战沙场，保住了性命。

眼界狭窄的人看到了亮光，就说是灯光，也许这亮光来自月亮。在真相面前，眼界狭窄的人往往会错失真相，甚至会将自己限定在某个区域，从而少了一些选择，失去发现真相的机会。事物的真相往往不在表面，如果我们没有开阔的眼界，恐怕很难拨开迷雾，去寻找到隐藏在深处的真相。

逻辑推理的目的是发现真相，如果我们通过狭窄的眼界片面分析，恐怕很难找到真正的真相，甚至还会误入歧途。开阔自己的眼界能够在面对问题时，想到更多适合的方法，而不同的方法通常有不同的思维过程，从而让我们能够找到最为适合的逻辑思维过程，节约思考的时间和精力。

情感是不理性的根源

■ ■ ■ ■

想必你一定听说过“冲动是魔鬼”这句话，这句话虽然是形容冲动的情感，但是也正是这句话让情感与理性的关系更加形象化。冲动，是人类的一种情感，这种情感往往是在人们经历了某件事情或多件事情之后，内心涌动的一种愤怒与不平。当人们被冲动的情感所左右，就会做出很多并非出自本心的事情，因此，人们很形象地将冲动形容为“魔鬼”，可见，冲动这种情感是多么可怕。

我们先小范围地对冲动的情感进行分析，明知道冲动的情感会让自己做出一些“恐怖”的事情，那么为什么人们还会冲动呢？这恐怕要归于人的感性思维。人是有七情六欲的，这也让我们的生活更加丰富，而感情也会影响我们的生活。那么，为什么人们不能避开感情所造成的弊端呢？

人是不可能摆脱情感的，一个没有情感的人是不存在的。同样，人也不可能彻底失去情感，这也就意味着人们的思维会受到情感的影响，并且情感对思维的影响也是巨大的。当一个人想要理性地去思考一件事情，如果他毫无情感加入，这种思考也是不容易做到的。由此可见，情感是造成我们不够理性的根源所在。

人是有情感的动物，自然，感性思维是真实存在的。感性思维与理性思维是对立的，感性思维多是以自己的经验和情感、感受为基础，而理性思维则是以逻辑推导为核心。

张晓峰在进入公司第一天，便受到了来自老员工的排挤。他不清楚自己做错了什么，得罪了那些老员工。事实上，张晓峰也并未做任何损害老员工利益的事情。

直到张晓峰在公司上了一个星期的班，公司又来了一个新员工，他才不再被老员工排挤，而新来的那个员工替代了他的位置，成为老员工排挤的对象。

张晓峰思考得出，老员工之所以会排挤新员工，是因为在他们的内心有一种情感上的排斥，也许是新员工的某些举动、言语、工作技巧等方面与老员工有所不合，这就导致老员工无缘无故排斥新员工。而这种下意识的排挤，事实上就是一种感性的思维导致的后果。

在生活中，我们的情感支配了我们大部分的行为，而并非理性思维在起主要的支配作用。比如，对于上班这件事情，很多人即使有了一定的经济基础，还是会按部就班认认真真工作，原因是别人都在认真上班，如果自己不认真上班在情感上是说服不了自己的。又如，我们出去玩儿，无意间看到一片野花开得正绚丽，便会情不自禁上前摘一朵拿在手中欣赏，我们的情感告诉我们摘下来拿在手中更为开心，而理性思维却告诉我们不能随意采摘花朵。而我们多半会随了自己的感性思维的支配，做出不理性的举动。

既然情感是不理性的根源，那么我们要如何最大限度避免被情感支配做出一些不合理的推理和选择呢？

1.三思而后动

人要有执行力，但同时在执行之前必须三思，“三思”的过程是让我们冷静的过程，让自己冷静下来，站在合适的角度去进行思考，找到适合做出的选择和决定。因此，越是遇到重要和重大的抉择，就越应该给自己“三思”的机会，而不是草率做出决定。

在电视剧《欢乐颂》中，邱莹莹与同在一家公司的财务主管谈恋爱，在得知财务主管是渣男之后，她选择分手。不料，财务主管成心欺负邱莹莹，这让初入职场的邱莹莹十分愤怒，一气之下，她说出了财务主管以权谋私等所有的秘密。

最终，财务主管被开除，邱莹莹也被辞退了。虽然邱莹莹是检举的人，但熟悉职场生存之道的室友告诉邱莹莹，她的一时冲动惩罚了恶人，也害了她自己。

2.提升自我修养

曾有研究人员经过调查发现，拥有较高自我修养的人更容易控制自己的情绪和感情。如果一个人能够在做事情之前做到自律，可想而知，他可以给自己足够的时间和空间，去将感性思维转换成理性思维，从而避免做出“出格”的决定。

3.不去直接调动情感

在生活中，我们会遇到很多事情，无论遇到什么事情，都不要试图用情感的力量来找到真相。故意调动情感，做出的选择往往是不合理的。比如，一个学生在考试的时候，选择题不会做，那么他开始调动自己的情感，按照感觉进行选择，这样做出的选择恐怕多半都是错误的。

在生活中，人类进行理性推理的过程是一个寻找真相的过程，虽然我们已经知道情感对于我们进行理性思维是不利的，但是我们却无法彻底避免情感的参与。因此要想尽办法进行避让，将情感因素推到最后方，用理性思维来征服感性思维。

第五章

非逻辑思维的形式有哪些

偷换概念的宣传广告

从理论的角度来讲，推理错误的方式有多种，我们将其称为“谬误”。偷换概念就是思维产生谬误的一个表现形式。有人简单地将“偷换概念”理解为词语上运用了多义词、一语双关词，造成他人对概念或事物产生模糊的理解。要知道这仅仅是一方面的“偷梁换柱”。另一方面，偷换概念也可以作为对人们进行游说的一种方式，用自己的思维通过话语去游说对方，让对方信服自己，然而并没有在真正意义上推翻对方的论据。

说到底，偷换概念就是用一种狡诈的手法或方法，将一件事情的本来意义换成另一种看起来成立的解释。“偷换”的结果是有可能将假的说成真的，从而转移对方的注意力，达到自己的某种目的。在生活中，我们经常看到一些为了达到某种商业目的的广告，它们会用偷换概念的方式来迷惑消费者。比如某些奶制品企业，它们在产品上标明“某某乳饮品”，消费者乍一看，往往会以为是牛奶含量很高的制品，然而这只是一种饮料，含奶量很低，营养成分也不高。很多消费者在看到“乳饮品”三个字的时候，第一反应是“奶制品”，便认为是很有营养的饮品，然而正是这种偷换概念、模糊视听的方式迷惑了很多消费者。

某二手车汽车销售网站打出的广告是“没有中间商赚差价”，这则广告看似很平常，但是仔细想想，这个网购销售平台本身就是“中间商”，只是平台化后它们收取的费用相对较低，而平台收取的费用无疑也是会转嫁到消费者身上的。毫无疑问，这种宣传是在偷换概念。

在生活中类似这种偷换概念的案例还有很多，即便不提及商家广告宣传，在我们与人的交际过程中，也会遇到偷换概念的问题。比如，我们经常说一句话“他心里有鬼”，而“鬼”的本义指的是迷信的人所说的死了的人的灵魂，如果我们将“他心里有鬼”中的“鬼”进行本义理解，显然是不正确的，“他心里有鬼”说的是他做了某些见不得人的事情。

偷换概念是一种思维谬误的形式，那么偷换概念的方法有哪些呢？

1.故意曲解对方言论，将此曲解的言论推翻，从而达到假装推翻对方观点的目的

一位交警看到一个小孩儿在公路上乱跑，为了安全，他对小孩儿的母亲说：“不应该让孩子在马路上乱跑。”这位母亲说道：“你的意思是应该将所有小孩儿都关在笼子里吗？”

显然，这位交警的意思是孩子在马路上乱跑会有危险，而这位母亲故意曲解交警的意思，看似她的话语推翻了交警的观点。

2.从对方言论中选择有误导性的信息进行断章取义

母亲："你天天游手好闲、好吃懒做的，你看哪个中国人像你这样？"

儿子："勤劳是中华民族的传统美德，可想而知，中国人民都具备勤劳的精神，您也说了我是中国人，那么我怎么会是懒惰的？"

母亲的意思是想说儿子太过懒惰，没有人能比他懒。而儿子利用母亲提到的"中国人"的品德，进行断章取义，为自己的懒惰找借口。

3.为自己找到对方言论中的薄弱点，然后进行曲解，从而达到混淆对方言论的目的

曾经有位老者讲了一个笑话：有一只老虎得了感冒，它便来到大熊猫面前，信誓旦旦地说要吃掉它。大熊猫很委屈地问老虎："你得了感冒，为什么要吃掉我？这和我有什么关系？"老虎说道："广告上不是说了吗，感冒之后，就要吃白加黑。"

虽然这是一则笑话，但是老虎将"白加黑"偷换成大熊猫的颜色"白加黑"，显然它是想通过这种方法来迷惑大熊猫。

4.任意概念。将一个概念的内涵进行外延，使之变成另一种概念或赋予另一种概念

在生活中，我们经常会遇到一些偷换概念的错误逻辑，其利用这种方法，来达到自己的目的。

某饮料的广告是"怕上火，就喝×××"，想必很多人听过类似的广告宣传。企业进行这种宣传，目的是让人们有一种心理暗示，即自己如果怕上火，就喝这款饮料，似乎喝了这款饮料就不会生病上火。然而，这则广告只不过是运用了一种“偷换概念”的宣传方法。

通常，我们知道“上火”多指的是一种病灶，内火旺盛，很多食物吃了都容易“上火”，特别是我们吃了太多辛辣油腻食物之后，为了预防身体“上火”，会选择一些具有“去火”功效的食物，而这款饮料真的能够起到“去火”的作用吗？或许它代表的是人们急躁的情绪，比如，遇到紧急的事情之后，内心会十分浮躁，而喝这款清凉的饮料能让人缓解这种急躁的情绪。这则广告将饮料与药进行巧妙结合，会使消费者产生一种认知：喝这款饮料能防止上火。

5.利用多义词的表达，故意将概念进行混淆。这种在生活中是比较常见的，也是比较容易理解的

一位历史老师在给学生上课，他问小明：“你是怎样认识孙中山的？”

小明想了一下回答道：“我根本不认识孙中山。”

话音刚落，教室里传来大笑的声音，老师也被小明弄得哭笑不得。

在这位老师的提问中，“认识”这一词语明显指的是“评价”和“了解”，老师是希望小明说一下孙中山先生的革命思想和革命事迹。而小明回答的“认识”是“见到”或“熟识”的意思，显然他犯了偷换概念的错误。

在日常生活中，偷换概念的方法有很多，无论用何种手段进行概念的偷换，其目的就是将一个概念换成另一个对自己有利的概念，从而让对方产生错误的逻辑。

误用传统的后果

■ ■ ■ ■

传统是什么？传统是世世代代经过经验积累，从历史流传下来的思想、文化、民俗、道德、制度及行为方式等。传统对今天人们的社会行为、逻辑思维有形无形中产生着一定的影响。传统是历史发展继承性的表现，但是随着社会的发展，传承下来的一些行为或思想已经不适应当代社会发展的需要了。因此，传统的不一定全是对的，积极的传统对社会发展能够起到促进作用。从思维角度来讲，传统是一套日积月累的先例的总结，也可以作为一个整体出现。

在生活中，我们经常会听到有人说“以前都是这样做的”，而这里的“以前”似乎就是一种流传下来的、也可以指以往的经验。即便是这样，我们也不能要求后来者完全彻底遵照以往的老方法、老思想。至于采取怎样的方法，要依据事物发展的状态和目前的实际情况来确定。

对于传统来讲，它不仅仅是一种习惯，当然有些习惯会形成传统，但传统绝非单纯指的是某种习惯。众所周知，习惯会对我们的生活产生很大的影响，一些与实际不相符的习惯会对我们的思考产生阻碍作用。一个逻辑思维清晰的人，是不会被习惯束缚的。同样，传统的好习惯是需要我们在生活中去执行的。

对于传统，我们不能脱离实践去乱用，另外我们没有理由将历史悠久作为坚持传统的唯一借口，这是不合乎逻辑的。相反，我们也不能将历史悠久作为拒绝传统传承的理由。在这些谬误背后，反映的是两种思想的坚持。前一种人认为只有历史的才是永恒存在的。而后一种人认为时代在发展，凡是历史的就是过时的。这两种人的思想都不是合理的，也不是科学的。

那么，为了防止误用传统，也为了避免抛弃传统，我们要以怎样的标准来决定什么时候适合用传统呢?

1.传统的生命力不取决于历史性，而取决于其本身的价值

有些传统在当今社会仍有很大的价值可言，也有一些传统则要适时地摒弃。比如，我们的古代礼仪能够修正自我的行为，更能帮助我们建立更好的人生观。那么，适当地继承并发扬未尝不可。而一些恶习，比如缠足，不仅损害了女性的身体健康，也是对女性人格上的一种歧视。因此，孙中山先生下令废除了这个传统。

2.后果的考虑与预期

在我们使用传统之前，我们应该要思考一下借鉴传统会产生怎样的后果。

耐克公司在2004年的时候做过一则广告，广告提案为“恐惧斗室”，在这则广告中包含了中国传统文化的元素——龙，广告一经投放市场，便引起了广泛争议。因为这则广告侮辱了中国传统文化，伤害了中国人民的民族情感，因此，这则广告被有关管理部门叫停。

3.了解传统背后的深层含义

每个国家都有自己的文化，因为地域或历史不同，文化的外在表现形式也是有所不同的。对于传统来讲，其正是文化的一种外在的体现，因此，传统也就有了更深的含义。只有我们了解了传统背后的深意，才能够更好地去使用传统，或者选择不使用传统。

曾经欧洲一些国家认为中国人使用筷子吃饭是一种不文明的行为，认为拿两根棍子夹食物不够绅士和高贵，然而要知道我们的饮食文化中不可或缺的就是“筷子”。

筷子不仅是华夏饮食文化的标志之一，还是中国人饮食习惯之一，其内在的含义更是值得我们去深究。传统的筷子一头是方的，另一头是圆的。既代表了天圆地方，又代表了中国古代人们对阴阳太极的了解，同时，也赋予了筷子完美和成双成对的绝佳寓意。而从称呼筷子的单位就可以看出，中国人习惯称之为“一双筷子”，而很少叫“两根筷子”。

不懂中国传统文化的外国人可能会认为中国人用筷子是不文明的，但是纵观中国饮食文化的形成，表明筷子是无可替代的。

在现实生活中，我们对传统的认知不能只是停留在表面，更要知道某些传统价值所在。当我们明白了传统的价值是什么，便能够知道如何去运用传统或者鉴别传统。当然，对生活环境不同、国度不同的人来讲，某些传统是不一样的。比如传统宗教文化，在西方多信奉基督教、天主教，而在我国则是信奉佛教、道教。

不同的文化地域会形成不同的传统，今日一些合理的、有价值的文化在若干年之后也有可能会形成传统。因此，我们要分辨传统的可使用性，不应该抛弃所有传统，但也不能不分优劣，统统继承。传统文化、传统习俗、传统思想都有深远的含义，不懂不可乱用，一旦乱用或误用，可能会激起整个民族的反感，也可能会伤害热爱传统的人，其后果不堪设想。

对人不对事

■ ■ ■ ■

我们进行逻辑论证的原则是什么？其中重要的原则之一是我们应关注论题本身，而不是进行论证的人。如果我们的论证成为对人的攻击，而忽视论证本身的含义，那么，我们的论证自然是毫无意义可言的。

所谓对人不对事，讲的是我们在进行推理或论证过程中，只是将思维定位在与自己进行辩论的人身上，而并没有将思维定位在论证本身。比如，利用生活中个人的一些行为来攻击对手，从而达到自己的论证目的。这种谬误的目的是转移听众对论证的注意力，通过这种“对人攻击”的方式来削减对方的士气，打乱对方的思维节奏，使对论证者处在劣势中。

有些人只是对人，而非对事，他们的目的只是获得论证的胜利，而并非通过逻辑思维来寻找真相。或许在你论证胜利之后，你的支持者与你都沉浸在战胜对方的喜悦中，但这并不代表你的论证取得了胜利，因为你的胜利只是击败了对方个人的内心，并没有因为你的逻辑赢得对方的思维认可。相反，在胜利的喜悦过后，你的支持者也会发现这场论证失去了本该有的意义，即寻求真相。除此之外，你辩论的价值不在论证本身，而只在于你对个人的攻击，从而混淆了听众的思维，打乱了人们的思路。

与“对人不对事”相反的则是“对事不对人”。所谓对事，就是站在论证本身的角度，收集最有利于自己的证据，从而进行分析辩论。这种方式的论证能够让双方的思维保持清晰状态，无论结果怎样，论证成功的一方会收获失败方的思维，失败方则心甘情愿跟随成功方的逻辑去思考问题。

在网络上曾经对一个论题进行过辩论，即“修复圆明园是否有必要”，有的人认为有必要，论据是圆明园进行修复之后，可以成为旅游景点，不仅能够向世界展示中国建筑的辉煌，更能吸引国内外人士来参观，其旅游价值很高。而反对方认为，圆明园不是简单的一个园林，它承载了沉重的历史，不对其进行修复，能够时刻警醒世人，让世人不忘历史。同时，无论当今科技如何发达，对圆明园的修复如何精准，恐怕也达不到原来建筑的巧夺天工，修复得再完美也不是遗留下来的原迹，不修复的历史意义和价值更大。

在进行这个论题的讨论过程中，支持修复和反对修复的双方都拿出了合理的论据，最终，圆明园未做修复，以历史文化遗址的形式进行开放。

在进行论证的过程中，我们需要找到的是符合自己论点的论据，而并非针对对方个人的辩论，“对人不对事”的论证往往不利于寻找真正的答案。

“对事不对人”所呈现的是在围绕事情进行推理，我们会评论这件事情是对是错，少了一些个人的主观情感，多了些理性的思考。然而，在实际生活中，要想彻底将“人”与“事情”分割开来，似乎也不太容易。人怀揣一个目的去做这件事情，很多时候就已经与这件事情联系到了一起，但在做出推理的过程中，需要我们将事情剥离出来，这样才能保持自己不被情感所左右，才不会丢失理性。

在一档采访节目中，一位老艺术家痛批当下的娱乐圈，他说："很多演员根本不会演戏，别说去研究角色，只说台词，很多演员连台词都背不过，台词背不过你还演什么戏？"

在老艺术家接受采访结束后，很多媒体猜测老艺术家的话语是针对刚刚与其进行合作的某年轻艺人。于是，媒体将矛头开始指向某年轻艺人。

媒体的这种指向，其实是没有根据的，而老艺术家的话是"对事不对人"，他没有指某个人，而是说的部分演员，行业的某种现象。

我们生活在社会中，遇到同一件事情，在与他人的逻辑产生分歧的时候，我们应该站在事物本身这一面进行分析，而不是仅仅看"人"。谬误的出现往往是因为没有脱离个体去看整体。当一个事件出现时，事件本身是整体，而发生在事件中的人，相对于事件来讲只是其中的一部分。因此，我们要让思维更加开阔，能够从论证本身去进行分析，找到事物的真相。

没有分析的行动

■ ■ ■ ■

我们喜欢分析事物，更喜欢将事物进行分解。即使不在结构层面分解，我们也会在精神层面去进行分解，认为分解之后便更容易进行分析和了解事物。如果将分解看作思维的一个过程，那么单单拥有这一个过程，恐怕是不足以让我们去了解某件事情的，我们还要将不同部分的内容进行重新组合，以此来达到对整体的了解。

王丰裕有一台电脑出了一点故障。于是，他凭借自己对电脑的一些了解，将电脑拆开了，拆开之后，他发现自己根本不知道故障出在哪儿。紧接着，他想要将电脑重新安装起来，却发现自己根本没有办法进行组装。

王丰裕虽然多多少少了解一些电脑的构造，但是他无法查找到电脑故障，更不会重新组装起来。这就表明单纯只懂得分解，不懂得组合是无法达到对事物整体进行认知的目的的。

生活中对事物的分析是无处不在的，如果我们在做某件事情之前，不先对事物进行分析，可想而知，结果往往事与愿违。比如，周末你想去郊游。如果你不事先分析天气、路况和郊游地点的情况，只是凭借自己的想象去安排，最终你会发现，刚开车出门，就下起了小雨，而自己根本没有带帐篷。又有可能自己选择的郊游地点人太多，到了那里连坐的地方都没有。

分析的目的是什么？难道只是为了看到事物发展的结果？绝非如此，分析不仅仅是为了知道事物的结构是怎样的，更想要通过对各部分的了解来知道各部分之间有怎样的联系，会产生怎样的相互作用，最终形成一个整体。我们还以郊游为例，如果你在计划郊游之前，首先看的是天气情况，发现当天会下暴雨，你或许会改变出游计划，又或者不改变出游计划，但起码会准备防雨用具。如果你查阅了自己郊游地点的情况，会发现每到周末，那里都会成为人们喜爱去的地方，游人过多，于是你会选择不去这个地点，而是去比较偏僻人少的郊游地点。

我们对部分进行分析，不仅需要了解个体的真相，更要对部分与部分之间的关系进行了解，从而达到了解整体的目的。最终，会得出1+1>2的结论，即整体大于部分的总和。

曹新恩从小就对汽车感兴趣，长大后他买了一辆汽车，汽车出了故障，于是他将汽车进行拆解，很快找到了汽车故障，并进行了维修，最终又将汽车进行了组装，他的汽车又能重新上路了。

曹新恩对汽车每个结构进行拆解，然后又进行组装，最终保证汽车能够重新行驶。这充分证明他对汽车每个部分都很了解，而最后整合让汽车恢复了原貌，并且能够更好行驶。可见，对部分的了解与整合能够缔造出更强大的整体。

在生活中，很多事情不是通过简单观察便能了解透彻的，真相也并非停留在我们所观察的事物表面。我们要想了解事物的真相，就需要进行逻辑分析。一个不善于分析的人往往会将“看到的”“听到的”当作真相，认为“眼见为实”是真理。要知道，我们眼睛看到的可能是别人表演的假象，而只有通过逻辑分析才能找到真正意义上的真相。

一位母亲带着两个孩子去一家小饭店吃饭，姐姐看起来有六七岁的样子，而弟弟不足四岁的样子。母亲点了两碗面条，点了一份排骨。在吃饭的时候，母亲让姐姐吃面条，却给弟弟喂排骨。这个时候，姐姐试图去夹盘子里的排骨，但是母亲却狠狠地将女孩儿夹的排骨抢了回来。姐姐眼圈红了，但是母亲却丝毫没有心软，一顿饭下来，母亲没有让女孩儿吃一块排骨。

母亲带着两个孩子离开之后，店老板与妻子说：“这个女人真偏心，只让儿子吃肉，不让女儿吃肉，你看那个小女孩儿多瘦，哪有母亲这样对待自己的女儿的？”

店老板的妻子回答道：“可能女孩儿不是亲生的。”

不料，话音刚落，店老板看到那位母亲带着两个孩子重返店里，笑着对老板说道：“走得太着急，竟然将孩子的药落到你们店里了。”

店老板看到母子三人刚才就餐的位置上，的确有一包用塑料袋装好的药，便走上去递给这位母亲，随口问道：“孩子怎么了，拿这么多的药？”

孩子母亲说女儿得了一种叫先天性高胰岛素性低血糖血症的病，得这个病的孩子不能吃高蛋白的食物，否则血糖会降得很低，甚至会有生命危险。因此，她从来不敢让孩子吃肉，孩子实在是想吃肉了，就将肉含在嘴里嚼一嚼，然后再吐出来。此时，店老板才明白为什么这位母亲要这样做。

通过这个例子可以看到，店老板开始只是根据自己眼睛看到的，认为这位母亲偏心，不让女儿吃肉，只让儿子吃肉。只有了解了事情本质之后，才发现自己看到的并非真相。

在生活中，我们对事物进行分析时需要深入事物的本质，对于复杂的事物可以将其进行分解，了解各部分的内涵，再将其重新组装，这样我们会发现事情的真相。如果我们不去分析自己看到的事物，可能会被眼睛看到的事物所承载的假象蒙蔽，从而做出错误的判断和推理。

混淆视听的弊端

■ ■ ■ ■

混淆视听就是通过假象和谎言，使人分辨不清正确与错误、是与非。它通常是以转移我们对所处现状的注意力为目的，而所提供的混淆视听的内容往往是与论证无关的，而这些信息往往是情感信息，绝对不是靠推理所产生的。再者，所提供的信息与要进行的论证是没有关系可言的。

某公司的研发部门分为两派，一派是保守派，认为现如今的产品适合市场需要，只要保证现有的产品能够适应市场消费者的选择，对原有产品进行适当改进即可。另一派属于开放派，认为公司应该重新研发新的产品投入市场，那么就能够获得更多客户的喜爱。

恰巧，公司有一笔研发经费，两派都希望得到这笔研发经费，于是开展了一场别开生面的辩论，眼看保守派即将失败，研发经费即将发放给开放派去开发新产品。此时，保守派听到一个消息，称今年公司收益不好，要取消今年的年终奖。于是，保守派在此时公布了此消息。研发部全体成员陷入了沮丧中，两派的讨论被终止。在此，年终奖被取消的消息跟科研经费的归属是毫无关系的，保守派宣布这一消息的目的其实就是混淆视听。最终的结果是研发部的员工很沮丧，这笔经费到底是用来研发一个新产品还是对老产品更新换代，始终没有定论。

在生活中，经常会遇到这种混淆视听的事情，我们需要做的是避免被外界事物所蒙蔽。在思维过程中，我们需要用清晰的头脑去分析，然后看一看自己眼前的事物或结果是否与自己的选择和判断是一致的。

1.要想套住这个圈，必须画一个更大的圈

当你正在聚精会神思考某个事情时，别人却想要转移你的注意力，于是对方开始想办法吸引你的注意力。比如，当你在全神贯注看电视时，你的孩子想要让你转移注意力，他会故意用玩具敲打桌子，从而吸引你的注意力，让你去关注他。

在一部电视剧里有这样一个剧情：儿子的期中考试成绩出来了，显然没有考好，总分很低。回到家，他想到了母亲如果知道了自己的分数，肯定会责罚自己。为了逃避责罚，儿子决定用一个更大的事情来转移母亲的注意力。于是，他回到家将母亲养的宠物猫扔到了公园。

老师召开家长会，母亲知道了孩子的成绩，于是十分生气，打算回家之后狠狠责骂孩子。但是回到家正要责罚儿子时，发现找不到自己的宠物猫了。于是，她开始发动全家去找宠物猫，儿子自然知道宠物猫跑到了哪里。没过多久，儿子将宠物猫抱了回来，还给了母亲。母亲虽然还在因为儿子的成绩生气，但是看到儿子找到了自己喜爱的宠物猫，气消了一半，最终只是罚儿子一个月不许玩游戏。

儿子用“丢猫”来转移母亲的注意力，最终让他免受体罚之苦。

2.找到“靠山”

这里的靠山可以是人，也可以是一件事情。因为某个论证可能失败，此时，为了化解尴尬，对方可以想办法让“靠山”在场，这样能够转移注意力，从而达到混淆视听的目的。

某公司的财务经理被人匿名举报，称其滥用手中权力，报销了采购部经理进行私人宴请的发票。对于这件事情，公司内部的检查小组开始进行调查，调查发现的确有这样的事情发生。

财务总监得知这件事情之后，决心向人事部提议开除这位财务部经理。在人事总监与财务经理谈话，告知他被开除的消息时，财务经理发信息给公司负责项目的副总，而这位副总是财务经理的堂哥。这位副总来到人事总监办公室，他一进门便很生气地催促人事总监招聘工程总监的事情，并要求调换项目上的技术人员。人事总监很清楚，技术人员的调换会让自己的工作量大大增加。

最后，人事总监决定将财务经理的事情放一放，先安排招聘面试事项。

混淆视听的结果不仅能够让原本的真相被掩盖，也会导致一些事情被拖延。在现实生活中，我们经常会被一些看似是真相的假象而迷惑，从而做出一些错误的判断。比如，你打算去购买一双鞋子，到了鞋店，销售员却告诉你今天是店庆，在搞活动，进店客人都可以参加抽奖活动。于是，你在销售员的陪同下，参加了抽奖活动。抽奖结果一出来，你惊喜地发现自己得到了三等奖，即“两双打八折”。于是，你问销售员买一双鞋子能不能打八折，销售员自然说不能。于是，你想了想，为了享受到折扣，你便挑选了两双鞋，打完折之后，消费了六百元，你认为自己十分幸运，因为销售员说平时买两双鞋子要一千元，这下自己便能够节省四百元。其实，你不知道的是平时鞋子的定价就是三百元一双，你相当于一分钱没省，还多花了三百元买了另一双鞋子，让商家赚了两双鞋的钱。

生活中，我们要学会辨别那些混淆视听的因素，找到事物存在的真相。同样，不要被事物的表象所蒙蔽，更不要认为看到的都是真实的，听到的都是正确的。

功利心会误导思维

■ ■ ■ ■

什么是功利心？ 功利心就是一个人对名誉和利益的向往和实际追求。从逻辑学上进行分析，我们进行任何思维都不是单纯为了思维过程，思维也是有目的性的。我们进行思考是为了得到某种效果。如果将效果单独当作行为的价值，那么我们的思维也会成为追逐功利的产物。

在逻辑思维的运用方面，我们需要避免犯功利误导谬误。即我们只是注重方法对所得到效果的作用，根本不考虑其他方面的因素和问题。当思考只是为了得到结果时，我们会忽略思考的过程和程序，甚至不会去关注思维的方向和对错。那么问题就来了，我们是如何取得结果的？

当一个人只为得到自己想要的结果而不择手段时，就犯了功利误导谬误。他不会去关注自己的思维过程是否合理，只会关注是否取得了成功，结果是否会如自己所愿，而如何取得的成功对他来讲并不重要。

张晓冉是一家企业的销售顾问，她每个月都有销售任务，销售部门一共有十个人。销售经理说：“到今年年终，谁的销售额最高，我就推荐谁为销售部副经理。”显然，张晓冉十分期待自己能够升职。

于是，她开始思考让自己销售额提高的办法，她从财务那里要来了销售业绩表，发现到目前为止，比她销售额高的还有两个人。她与目前的第一名李磊还有二百万的差距，距离年终还有两个月的时间，也就是说每个月她要比第一名多销售一百万的产品。

确定了销售目标，张晓冉开始努力，她扩大了自己的销售范围，这天她接到了一个客户打到办公室的电话，对方声称之前与销售员李磊联系过一次，希望再次了解公司的产品。张晓冉趁李磊没在办公室，对客户说自己也可以帮他介绍。于是，这位客户顺其自然地成了她的客户。通过抢占其他同事的新客户，张晓冉的销售业绩有了飞速提升。到了年终，她的销售业绩最好，如她所愿，她得到了这次升职的机会。

通过这个例子可以看出，张晓冉为了达到自己的目的，可谓是不择手段，她故意抢占同事的客户，这在销售领域是不被认可的行为。而张晓冉的思维始终只关注结果，而不在乎过程，她充满功利心去进行销售，虽然结果如自己所愿，但过程却十分不道德。

从哲学角度来讲，功利心也就是效益主义。在几千年的社会发展中，对“功利心”的评价褒贬不一。在日常生活中，我们也经常会听人说“不要太功利”“不能急功近利”，我们常常会规劝别人不要太注重“名和利”，尤其是不能为了名利不择手段。

如果一个人的思想、行为只围绕个人的“效益”，那么显然这种追求是自私的，甚至是能够对他人造成一定伤害的。如果一个人将目的作为行动的唯一追求，那么他是不会在乎达到目的的过程是否合理的。这便会误导我们的思维，甚至会选择一些不合理的思维去思考事情，从而做出一些不合乎道理的事情。

有些家长为了鼓励自己的孩子好好学习，考出好的成绩，便会对孩子说只要他能考多少多少分，便满足孩子的一个愿望。家长的这种动机并没有错，是为了鼓励孩子好好学习考得高分，但是有些孩子会做出急功近利的行为。这些孩子心想只要自己考到父母要求的分数，周末便可以去做自己喜欢做的事情，吃到自己喜欢吃的美食。于是，他们选择“超近路”，即作弊。因为这些孩子只认定了自己的目的是什么，根本不会在乎达到目的的过程。

很多人在日常行为中出现功利心谬误是因为他们不能正确看待自己的目标，我们还以家长鼓励孩子学习为例，其实家长给孩子设定的目标或许就是错误的。家长想要鼓励孩子学习好，却将考高分当作考量孩子学习是否进步的唯一途径，这样一来家长的鼓励措施也就变得有了目的性。从这个角度来讲，家长说孩子考多少多少分的时候，其实家长也是有些急功近利的。

一个人如果将个人的目的看作做任何事、思考任何事的唯一方面，忽略了做事情的途径及思维过程，那么就很容易被目的误导，做出一些不合逻辑的事情。当一个人的逻辑都不够清晰的时候，他的行为也会是荒诞的。

一个人为了给妻子治病，想尽一切办法筹钱，但还是无法凑够妻子的手术治疗费。他的脑子里开始想如何能够赚到钱，于是，他想到抢劫可以以最快的速度让自己“有钱”。于是，他趁着天黑，分别抢了两位女士的包。事主报警后，警察很快就将其抓获。

他被警察带到了警局，然后接受审问，当问及抢钱的原因时，他流着泪说：“我实在没钱了，抢钱能以最快的方式得到钱，只要有了钱我就能给妻子看病。”

很显然，这个人在抢劫之前，已经将目标确定，那就是“尽快有钱”。他不冷静思考获得金钱的过程，选择做违法的劫匪。他的目的性很明确，思路也算清晰，但是他的行为却是极大错误的。由此可见，当我们不注重思维过程的时候，很容易被功利心所左右，从而在功利面前迷失思考的方向，让我们根本看不清自己行为的谬误。

嫉妒心扼杀逻辑思维

■ ■ ■ ■

人们或多或少都会产生嫉妒心理，从心理学来讲，这种心理是十分常见的，我们需要正确对待自己的这种心理。在生活中，人的感觉并不是精准的，很多时候是存在一定偏差的，而嫉妒心也属于心理偏差的一种表现。比如，有些人认为自己的认知水平高于常人，于是认为自己的智商也就高于别人。从逻辑上讲，这是一种谬误，因为认知水平并不等同于情商和智商。

嫉妒心究竟来自哪儿？要想得知答案，我们不妨看看下面的案例：

有一位名叫邓巴的数学家，他做了一项研究，发现一个人的交际能力上限是150人，也就是说，不管你的社交软件上有多少人，而真正跟你有关系的可能只有150人，或者小于150人。在这150人中，与你有很强联系性的人大概有30人，剩下的120人属于弱联系，即这些人与你见面接触不频繁。

有人认为自己的社交能力很强，自己的社交网也很宽广，但是，如果我们以14亿人为前提，而你的交际人数是150人，可想而知，你的交际人数在中国总人数的占比是相当少的。

这代表什么？代表我们所谓的社交能力也不过如此，而我们自身所认为的优越感和自信，乃至自卑都是我们进行比较所得，而比较正是嫉妒心的来源。

嫉妒心是从哪儿来的？嫉妒心归根于比较，那么在比较之后，我们会对自己进行一个估值，这种估值可能是高的，也可能是低的，但无论对自己的估值是怎样的，其都可能会引发嫉妒心的产生。而嫉妒心究竟会对我们的思维产生怎样的危害呢？

1.嫉妒心有明显的对抗性

古希腊一位哲学家说："嫉妒是对别人幸运的一种自我烦恼。"这种对抗性也具有攻击性，当一个人的嫉妒心十分严重的时候，其行为会受到嫉妒心的支配，做出一些颠倒黑白的行为，甚至这种行为会影响到他人的利益。

2.嫉妒会产生明确的指向性

嫉妒心往往产生在同一水平人的中间，而这种同一水平发生了变化，就会产生不同的情景，比如：曾经某个人生活得不如自己，现在却过得比自己好；又或者某些人曾经是自己的下属，现如今却成为自己的上级。

尚晓宇和张敏是同事，之前两个人在同一个部门，尚晓宇是张敏的经理，之后根据公司的发展需要，张敏得到了外派的机会，在分公司做起了部门经理，而尚晓宇还在公司总部，毫无心理压力和紧迫感。两年之后，公司大换血，张敏被提拔为总部的部门经理，成为尚晓宇的上司。此时，尚晓宇感觉很不开心，背地里开始跟同事抱怨说：“在分公司待了两年，回来摇身一变就成了总部的部门经理。肯定有什么见不得人的勾当，不然就以她的业务水平，怎么可能升职呢？”

闲言碎语传开，张敏自然也知道了背后攻击自己的是谁。

当张敏在分公司任经理的时候，尚晓宇毫无嫉妒心理，因为他们不在同一范围或同一级别内，因为分公司与总部是有差别的。而之后张敏回到总部，成为尚晓宇的顶头上司，这就让尚晓宇内心产生了比较，他会与张敏进行比较，比较之前两个人的水平，觉得自己的工作能力一点也不比张敏差，从而产生嫉妒心。嫉妒心产生之后，尚晓宇的话便有了指向性，也失去了理智思考的能力，而变得偏激。

3.寻求发泄的空间

当一个人内心产生了嫉妒，在遇到适合发泄这种嫉妒心的时候，会毫不避讳地进行发泄，他的思维会指导他在行动或言语上进行发泄。比如会表现为冷嘲热讽、行为上的冷淡，等等。

4.具有一定的伪装性

很多人会将自己的嫉妒心进行伪装，因为拥有嫉妒心的人也明白这种心理是被别人厌弃的，于是在思维上，他们或多或少会想要进行掩盖。比如，当一个人因为嫉妒产生讽刺别人的欲望时，为了掩饰自己的嫉妒心，会选择拐弯抹角的指责方式。

嫉妒心强的人往往会被自己内心的不平衡所折磨，在进行事情分析时，往往不能客观思考问题，反而会选择导向性的思维，这种导向性便是由嫉妒心所产生的。从另一个问题来看，嫉妒心会误导一个人做出判断，蒙蔽一个人的双眼，比如，某个人对你没有任何敌意，而你嫉妒对方的家庭或工作，在与其相处的过程中，便会不自觉地认为对方看不起自己，甚至会认为对方不愿意和自己成为朋友。久而久之，这种不平衡心理会让你更加容易产生妒忌心。

刘思洋生在农村，经过自己的努力考上了一所不错的大学，第一天来到宿舍时她发现宿舍中一共六个人，只有自己一个人来自农村，其他五位同学都来自城市。在相处时，他发现宿舍中家境最好的张扬学习能力也很强，可谓是多才多艺，而自己除了成绩好一些以外，其他什么也不会，显然刘思洋是嫉妒张扬的。于是，他在思想上总是有意识地提醒自己不要与张扬走得太近，刘思洋认为自己和张扬不是同一类人，所以是不会成为好朋友的。

嫉妒心强的人在嫉妒心爆发的时候，往往会失去理性思维，他思考问题不会围绕事物本身，而是听从自己的内心。同样，当一个人因为嫉妒去攻击他人的时候，很可能会因为内心的不平衡而做出不合逻辑的事情，甚至是害人害己的事情。嫉妒心是一种情感，而这种情感不利于我们进行理性思维，反而会让我们的内心滋生某种邪念。

“傻白甜”的思维

■ ■ ■ ■

“傻白甜”是一种网络流行用语，指的是一些女孩儿单纯没有心机，又萌又可爱。在生活中，我们会遇到一些人，他们的确很单纯，在对问题的认知与思考方面，总是简单化。认为简单思考问题能够节约时间和提高效率。然而，生活中的答案并不都是简单的，很多问题并不是采用简单的处理办法就能够达到预期效果的。

一种思维方式的形成往往与我们经历的事情是分不开的，我们进行事物的分析需要参照的是事物本身，在进行分析的时候，就会发现并不是所有的人都愿意跟随自己的思路去想事情的，因此，简单直白的思维方式并不适用于所有事情。

如果将“傻白甜”的方式运用在生活中，会表现出怎样的结果呢？

1.缺乏历练和生活阅历不足

当一个人生活阅历不够时，他想事情的方法是别无选择，甚至是直来直去，不懂变通的。当一个人刚进入社会工作，他除了知道处理本职工作之外，恐怕对职场上的规则知之甚少。此时，部门领导要请你吃饭，如果你职场经验很少，便会一口答应，而职场阅历丰富的人，会思考很多问题，即领导为什么请我吃饭？为什么领导会在今天提出请自己吃饭？领导是不是有什么事情要告诉我？领导是不是在考验我？等等类似这样的问题。

2.缺乏基本知识素养

我们在进行问题处理和分析时，往往会借助自己所储备的知识，进行认真的思考。当你没有充足的知识储备时便会发现，面对某些复杂的问题，自己是根本无法解决的。

3.极简主义

这里说的极简主义其实就是一个字“懒”，即懒得去花费时间和精力进行深入的分析与思考。在“懒”的作用下，很多人表现出来的就是这种“傻白甜”的状态。

刘晓娜刚搬了新家，邻居也是新邻居，相互都不认识。这天，她在楼道中遇到了一位老奶奶，对方很健谈，两人便开始聊天，之后刘晓娜了解到老奶奶是自己的邻居。家中就她一个人居住在此，她的儿女们都在外地工作，只有一个外孙住得离她比较近。

老奶奶见刘晓娜长得可爱，并且为人单纯。在得知刘晓娜没有男朋友的情况后，便说希望她能和外孙相亲认识一下，她的外孙也没有女朋友。刘晓娜根本不懂得如何拒绝，只好按照老奶奶的安排与对方的外孙见面。

见面第一眼刘晓娜便知道对方与自己不合适，因为对方比自己大五岁，这让刘晓娜无法接受，再加上对方长得又胖又矮，根本不是自己喜欢的类型。之后老奶奶在问及此事时，刘晓娜直接回绝，说道："老奶奶，您的外孙长得太胖了，身高也还没有我高，我实在接受不了。"

可想而知，此话一出，那位老奶奶内心肯定不舒服，虽然她知道自己的外孙长相不出众，但是听到刘晓娜这样说，自己自然不愉悦。自此，老奶奶再没主动跟刘晓娜打过招呼。

生活中很多时候是讲究委婉的，无论是做人做事，还是说话交谈。委婉并不代表圆滑，而是一种让彼此都舒服的行为方式。同样，委婉与单纯并不对立，单纯的人并非只能直来直去。"傻白甜"的思维极容易导致尴尬的出现，这种说话办事方法不仅会将自己陷入尴尬之地，也会让别人陷入尴尬之地。

李小东大学毕业后，进入了一家报社做实习记者，他每天的任务就是陪资深的老同事去进行人物采访。一天，他们被领导安排去采访一位乡镇领导，不巧的是与自己一起去的一位同事突然生病，李小东只好单独去采访。

李小东见到了那位乡镇领导，开始进行采访，采访时李小东问及关于村镇发展的问题，这位领导说道："现在百姓的生活水平有了很大提高，就拿购置私家轿车来讲，在我们乡镇，家庭轿车的普及率已经达到了百分之四十。咱先不论轿车是高档还是低档的，就以私家车数量而言，这个比例是不低的。"

李小东听完，突然问道："那您家买了几辆车？"

这位领导脸色瞬间严肃起来："车辆只是代步工具，我只有一辆。"

李小东继续问道："那您的轿车是属于高档系列还是低档系列？"

这位领导生气地回答："这个无可奉告。"

李小东的问题不仅让采访陷入了尴尬，同时，也让对方陷入尴尬的境地。

"傻白甜"的思维看似是一种单纯的表现，实则是一种不善逻辑分析的表现。因为生活从来都不是简单的，在生活中，我们会遇到形形色色的人、做各种各样的事，如果都是以这种直白、简单的思维方式去进行思考，可想而知，结果肯定不会如我们所想。

第六章

改进逻辑思维，突破人生局限

论证思维：概念、判断和推理的运用

■ ■ ■ ■

论证思维无非是解决“是什么—为什么—怎么办”的问题，即面对一个论题，我们要先考虑清楚这个论题的本质是什么，为什么会出现这样的观点，面对这样的观点要怎么办？“是什么”阶段，要求我们知道概念，然后了解事情的本质。在第二个阶段，即“为什么”，我们要分析事物的诱因，进行判断。到了“怎么办”的阶段，我们需要通过认真推理找到解决问题的方法或处理事情的思路。

论证思维需要我们以概念为基础，运用演绎、判断、分析等方法来做出判断，通过论据的掌握来进行推理。最典型的例子就是我们上学时期写的议论文，先写明自己的论题，然后再进行分析、证明论点，在证明自己论点的同时，也可以反驳相反的论点，再结合实际进行论述，最后在结尾部分进行观点总结升华。

小冯去外地出差了三个月，回来时，在小区门口被物业拦下了，理由是明文规定小区内不允许停放非业主的车辆。小冯解释道：“我是小区的业主，我的车在外地，我开的是公司的车辆，因为明天一早我要开车去拜访客户，我在小区也买了停车位。"

小区物业仍然坚持说小冯开的车不是自己的车，所以不能进去停放。住户的车都有车牌登记，为了保证小区住户的安全，小冯是不能将车开进小区的。而小冯认为自己在小区有停车位，凭什么自己不能开公司的车进小区？再者自己购买的房子和停车位，为什么自己不能决定停放谁的车呢？

因为这件事情，小冯与物业管理人员发生了激烈的争吵。最终，物业经理出面说只允许小冯停放这一次，以后就不能停放外来车辆了。

在这个案例中，我们可以很清晰地看出围绕的论点，即“是什么”部分是小冯开了非个人车进小区，遭到物业的阻止。在“为什么”部分，指的是物业有明文规定，非住户车辆一律不准进小区，而小冯认为自己买了停车位，并且也是小区住户。物业依照管理规定进行判断，小冯依照自己是小区住户进行判断。在“怎么办”阶段，小冯与物业发生了争吵，物业经理妥协，允许小冯将公司车开进小区。

在生活中，我们需要用到论证思维的时候很多，那么要运用论证思维，就要做到以下几点。

1.概念不能模糊不清

概念是我们所理解的事物的本相，也是我们做出判断的最基础依据，因此，我们对待概念的认知一定要透彻，不能模糊不清，否则就会导致我们无法正确做出判断和进行推理。概念的掌握是挖掘事物本质的过程，不能单纯依靠经验，也不能凭借直觉，而是要通过理性思维来建立全面而正确的概念意识。

有一只乌鸦口渴了，想要找水喝，此时它看到了一个木桶，桶里装了半桶水，它要想办法去喝到桶里的水，于是它想起了之前的一次喝水经验：乌鸦口渴之后，看到了一个瓶子，瓶口太细，导致乌鸦根本没有办法喝到里面的水。它看到在瓶子旁边有一些小石子，乌鸦开始叼石子，将石子扔到水瓶里。没过一会儿水瓶的水上升到了瓶口，乌鸦轻而易举地喝到了水。

按照上次喝水的经验，乌鸦又开始用同样的办法去叼石头扔进木桶，然而木桶太大了，它用了很长时间向木桶里扔了许多石子，但依旧喝不到木桶里的水。此时，乌鸦又渴又饿，它决定放弃，然后无奈地飞走了。

"乌鸦喝水"的故事你应该听过，但是这次乌鸦遇到了木桶盛的半桶水，它依旧按照自己的经验，向桶里扔石子，因为木桶的体积大，所以扔石子并不能很快地看到水位上升。乌鸦虽然用了上次喝水的方法，但是这次却失败了。可见，乌鸦在开始的时候，根本没有意识到盛水工具是"木桶"，而非上次的"细口水瓶"。它在对事物本质概念的理解上就没有弄清楚，可想而知，接下来凭借上次喝水的经验进行操作，结果肯定不会成功。

2.事物的分析不止一个方法

无论是在生活中，还是在工作中，我们会发现事物的答案往往不止一个。当我们面对同一概念，发现进行的判断并不一定是对与错那么简单的时候，就需要我们具备创造性，然后回答"为什么"的问题。

我们就以小学生的数学题为例，老师提醒同学，尽量用自己想到的所有方式进行解答，这就意味着题不仅仅有一种解答方式，很可能有两种，甚至更多的方式进行解答。在这个时候，我们就要让孩子发挥自己的主观能动性，进行创造性的思考。

3.一个论证可能引发一系列推理

对事物进行合理的推理，就要掌握一定的推理方法，比如归纳推理、演绎推理等。而在“怎么办”的结果寻求方面，我们推理的运用可能是一系列的。因此，我们需要熟悉各种推理方法，按照具体的论证选择最为合适的推理方法，这样才能够保证推理结果是我们所需要的。

论证思维是一种常见的思维方式，我们在说服别人接受自己的观点的时候经常会运用到。简单地说，论证思维其实就是“以上统下”“以下解上”的一种思维体系。我们需要“概念”的“统领”，又需要“判断”和“推断”对“概念”的解答。

论证思维是一种极严谨的思维方式，它的着眼点在最真实的概念上，而立足点在我们对事物的判断上，将事物的结局定位在推理行为上。在生活中，对于一些必须经过严谨探讨才能得到答案的问题，更是需要运用这种思维，帮助我们解决问题，找到最合理的解释和答案。

演绎思维：提出问题，分析问题

■ ■ ■ ■

演绎思维是什么？其实就是我们从抽象到具体的思维过程，通过对一般性原理的认知，借助某些逻辑规则进行推导，总结出特殊性或个别性的知识。举一个简单的例子，红草莓与白草莓都是草莓，这是一种归纳和总结，找到了事物的共性。而草莓有“红”的，也有“白”的，这就是演绎，即从共性里分化出个性来。

在现实生活中，我们需要用演绎思维来对已知的一些事情进行思考，按照知晓的事情之间存在的必然联系，推导出新的事态进展或结果。在运用演绎思维时，需要使我们得到的结果与之前发生的事情存在必然的逻辑联系。

伽利略在做实验证明两个不同重量的物体从同一高度落下会同时着地之前，他先是进行了演绎推理。

按照亚里士多德的论断，甲、乙两个物体重量不等，甲比乙重，甲和乙一起从同一个高度扔下，甲会先落地。那么，可以将甲和乙捆绑起来，形成甲+乙，这样一来重量肯定会超出甲的重量，那么，甲

+乙要比甲先落地。从另一方面来分析，乙没有甲重，将甲和乙捆绑起来，乙肯定会拖甲的后腿，在坠落的时候，甲+乙要慢于甲。这样一来，得出的结论是矛盾的：甲+乙快于甲的速度，又慢于甲的速度。

进行捆绑，自然B会拖A的后腿，A+B则会落后A的下降速度。这样显示出的结论是相互矛盾的：A+B比A先落地，又应该比A后落地。

通过上述例子，我们可以看出推理思维是对存在的理论进行分析，然后找到新的证据，最终得到新的结果证实的过程。可见，这种思维方式有着严密、透彻、准确的功效。

在日常生活中，为了能够正确地运用这种思维方法，我们有必要认识和掌握推理思维的特点。

1.演绎思维具有方向性

演绎思维的方向性十分明显，即从普遍到特殊的方向演变。在很多事物的推理过程中，我们要了解事物的方向性。

2.演绎思维具有因果性

因果关系是一种事物之间存在最为广泛的联系。而在演绎思维的过程中，我们可以看到有因果关系的存在，甚至我们所熟知的事物存在的因果关系就会成为演绎推理的关键因素。

一位老警官要对三个新人进行培训，培训的内容是锻炼他们三个人的注意力。老警官对这三个人并不抱有信心。为了测试这三个新人，老警官拿出了一张犯罪嫌疑人的照片，希望三个人能够通过对这张照片的观察，找到犯罪嫌疑人。

老警官将照片拿给第一个人，他看了几秒之后，老警官问：“这个人是一个犯罪嫌疑人，你认出这个犯罪嫌疑人，是通过他的哪些特征？”

第一个人回答：“这个人只有一个眼睛，我很快就能抓到他。”

老警官说：“因为这张照片是犯罪嫌疑人的侧面。”显然，老警官对第一个人的回答十分不满。

老警官又将照片拿给第二个人，第二个人看了一分钟，老警官问：“这是一个犯罪嫌疑人，你通过哪些特征能够认出他呢？”

第二个人回答：“他只有一个耳朵，这个特征是最明显的了。”

“这张照片只是显示他的侧面。”老警官很失望地说。

老警官将照片又拿给了第三个人看，问：“这是一个犯罪嫌疑人，你通过哪些特征能够认出他呢？”然后说道，“我希望你认真思考，不要给出愚蠢的答案。”

第三个人看了一会儿回答道：“这个犯罪嫌疑人戴着隐形眼镜。”

老警官听完十分惊讶，老警官根本不知道第三个人是怎样看出来嫌疑人戴了隐形眼镜的，更不知道他的结论是否正确。于是，他急忙走向自己的办公室，找到这个犯罪嫌疑人的档案，发现的确如第三个人所说的，这个犯罪嫌疑人近视，戴了隐形眼镜。

老警官高兴地问第三个人：“你是怎么看出来这个犯罪嫌疑人戴着隐形眼镜的？”

第三个人回答：“这其实并不难，我之所以这样说，是因为这个犯罪嫌疑人只有一只眼睛和一只耳朵，他没办法戴普通眼镜。”

虽然这只是一则笑话，但是通过这个案例可以看出，第一个人和第二个人所给出的答案只是最低级的答案，而第三个人则是通过因果关系分析给出的答案。

3.演绎思维的有效性

演绎思维所推理出来的结论，往往是比较精确的，这种判定的结果通常不会超出我们的预期范围。

张艾嘉的考试成绩总分在班级中的名次一直是前十名，他分析自己之所以不能得第一名，是因为自己的数学分偏低。因此，他在课下会花费更多的时间去学习数学。眼看即将开始期中考试，他更加努力了。

在期中考试结束之后，同学问他预测自己能得第几名，张艾嘉很自信地说："我肯定能进前三名。"同学嘲笑他"太过自信"，张艾嘉却笑笑不语。

成绩单公布了，张艾嘉的确进入前三名，获得全班第二名。

课后休息时间，同学很好奇地问他："你是怎样知道自己这次肯定能考好的？"张艾嘉分析："每次考试，我发现我的总成绩比第一名低20分，而这20分都是因为数学成绩太低。于是，我在数学方面就下了一些功夫。在这次考试中，我感觉数学难度很高，其他学科难易程度没有什么变化。数学题中，我只有一道5分的题不会做，而其他题出错的概率不高，那么，我与第一名的差距便不会超过5分，这样一来，我就能预测自己的成绩肯定能够进入前三名。"

张艾嘉对自己成绩的分析与预期是一致的，可见，演绎思维是存在预期的有效性的。

在生活中，我们需要运用演绎思维去对一般事物进行总结和思考，从而发现事物存在的独特之处。我们要尊重演绎思维的方向性和因果性，只有当我们了解事物之间的关系，才能预期到结果，做出新的尝试。

归纳思维：总结事物的特点

归纳思维法是从特殊事物推导出一般事物原理的思维方法，即通过已知的大量事实，总结出一般性的事物特征或规律，尤其是科学中的大量定律和公式，多是运用归纳思维得出的。归纳思维法可以分为完全归纳法和不完全归纳法。当然，在实际生活中，我们用到最多的是不完全归纳法，这是从一个或几个事物中得出一般结论的过程。完全归纳法是依据每一个个体事物具备的共同的特性，从而推导出这类事物具有的这种属性。

对于“所有三角形的内角和等于180°”结论的获得就是完全归纳思维运用的产物，我们发现直角三角形、锐角三角形、钝角三角形的内角和都等于180°，所以可以归纳出“所有三角形的内角和等于180°”这个结论。

完全归纳思维是一种可靠性较强的推理方式，但是这并不能代表它没有弱点。完全归纳思维的弱点是不够实用，因为只有在个体量少的情况下，才能运用这种方式进行总结。而不完全归纳思维比较实用，但是其结论不一定可靠和合理。因此，我们要对完全和不完全归纳思维的弱点进行弥补，就需要选择使用科学的归纳思维，即根据事物之间的本质属性和因果关系来进行研究，从事物因果关系中探索出事物的必然联系，从而得出一般性的结论。

我们可以通过以下几种方法来判定事物之间的关系，从而使用科学的归纳思维。

1.求同法

对于不同场合下出现的相同现象，如果我们认为场合是唯一一个共同因素，那么就可以认定这个场合就是出现这种现象的原因。比如，金子为什么会发光？我们将金子放在阳光下会发光，放在阴凉处也会发光，晴天会发光，阴天也会发光。我们对这一现象进行归纳发现，金子发光是由其本身质地所决定的。

2.存异法

一种现象在一个场景下出现，在另一种场景下也会出现，这两个场景只有一个条件不同，那么这个条件就是这个现象出现的原因。要想使用存异法，就需要满足以下两个条件：第一个条件是现象会出现在不同的场景中，而在不同场景中出现的现象都是合理的；第二个条件是在不同场景中的现象，只存在一个不同条件，并没有其他几个不同条件。

3.剩余法

如果已经知道某个复杂现象是由另一个原因引起的，而将其中确定的因果关系的部分进行删除，剩余部分未必能够形成因果关系。这样减掉已知因果关系，剩下的再没有因果关系的存在。

居里夫人是伟大的科学家，她发现镭元素的过程就是运用了剩余法。在发现镭之前，她已经了解到一定数量的沥青铀矿含有纯铀，纯铀发出的放射线的强度与沥青铀矿有关。她经过观察发现，沥青铀矿发出的放射线更高。因此，她推断出沥青铀矿中还有一种元素能够放射出较强的放射线。于是，她经过自己的努力研究，发现了镭元素。

除了以上三种方法能够帮助我们认清楚事物之间的因果关系，让我们运用科学的归纳思维进行一般规律的总结之外，还有很多其他方法可以运用，比如共用法和共变法。无论哪种方法的运用，都是为了让我们能够在最短的时间内找到合适的方法，从特殊中总结出一般规律。

归纳思维不仅是一般规律探索需要具备的一种方法，也是我们对已经做出的判断和推理进行总结的方法。比如，在你参加完某项考核后，发现自己并不具备通过考核的能力。此时，你会对自己以往的行为或思想进行再次挖掘，从中总结出自己无法通过考核的原因。

张潇潇是一家地产中介的销售员，他手中的一套房子挂在网上已经有半年的时间，但是仍然没有卖出去。从张潇潇的角度去分析，这套房子虽然面积不大，但是却南北通透，阳光充足，比较一下，他觉得这套房子的条件很好，可不知道为什么就是没人买。

张潇潇带了三个客户去看这套房子，第一位客户说："这套房子是两室一厅，面积太小，我们家里三代六口人，实在住不开。"

第二位客户拒绝购买这套房子的原因是："我有两个孩子，虽然这套房子我们能住开，但是我家的东西太多，如果没有储物间，我们家根本没有下脚的地方。"

第三位客户拒绝的理由是："我们还有几年就退休了，这个房子周围什么设施也没有，没有公园不说，连菜市场也没有，这对我们上了岁数的人来讲，生活就不方便了。"

张潇潇通过对这三位客户提出的问题进行分析总结，发现这套房子最适合一家三口居住，即父母带一个孩子，父母是上班族，孩子可以就近入学，父母忙于工作也不会在乎有没有休闲设施。根据自己的归纳总结，他在短短一个月之内便将这套房子卖给了一个三口之家。

生活中，我们需要利用归纳思维去对一般事物规律进行归纳总结，只有这样才能够让我们的生活更加顺畅。而我们在利用归纳思维的时候，一定要保证自己推导出的结果是可靠的，而要确定可靠性，就要了解事物内在的关系和联系。因此，归纳思维的运用是对事物内部关系的掌握和特点的探寻。

发散思维：条条大路通罗马

■ ■ ■ ■

在生活中存在这样的人，看似这个人生活得不错，但是却从来不舍得使用自己的大脑，丝毫没有活力。这样的人思维已经固化，甚至根本不懂如何发散思维。

那么，什么是发散性思维？这种思维又被称为辐射思维，也可以被称为放射思维，意思是大脑在思考问题的时候，呈现大脑思维的状态是扩散状态的。具有发散思维的人，思维很灵活，视野也相当广阔。比如我们说的"一题多解""一物多用"等。

既然发散性思维深受人们的"赏识"，那它对我们思考问题、认知世界究竟有何好处呢？

1.发散思维是创造性思维的特点之一

从心理学家分析的角度来看，一个人是否具有创造力，主要取决于他的思维方式，而一个创造力强的人往往具备发散思维。比如，科学家之所以能够创造出先进的技术，很大程度上是因为他已经具备了发散性思维，在思考问题时，能够从不同方向进行思考，最终找到适合科技发展的道路。

2.发散性思维是大脑进行联想和想象的通道，一个人能够对事物产生合理的想象和预期，多半是受到发散性思维的影响

受到不同年龄、不同性别，甚至不同职业的影响，人们对待一件事物所产生的联想和认识也有所不同。一位学者邀请了几位朋友来欣赏自己做的叶子标本，他拿出一片枫叶，问医生朋友："这片叶子能让你想到什么？"

医生回答："它的纹理像极了人类的血管。"

学者又问一位厨师朋友："这片叶子能让你想到什么？"

厨师说道："这是一个盘子，我可以往上面放我最喜欢的菲力牛排。"

学者又问画家朋友："这片叶子能让你想到什么？"

画家回答："它是一幅画，美丽无比。"

这就是一千个人眼里有一千种叶子，这也正是发散思维的功劳，而这个例子正是发散思维向我们验证了"条条大路通罗马"。

在现实生活中，我们要注重对发散思维的运用，而要让自己具备发散思维，就要注意训练自己的发散角度。不同角度的思维发散，就能产生不同的方向。

3.发散思维为我们提供保障性的作用，即我们做任何一件事不可能都十分正确，完美无误，但是一定要在数量上有足够的保障，而发散思维正好满足了我们这方面的需求

老师手中拿了一块砖，然后放到了讲台上，问学生们看到这块砖能够想到砖的用途有哪些?

一位女同学十分自信地回答："砖可以盖房子、建图书馆。"

一位身材发胖的男生紧接着也站了起来回答："可以用来压泡菜，当哑铃健身。"

一位长得有点黑的男生站起来说："因为您拿的砖是红色的，可以在公园里用红砖摆心形，做美化。"

从砖的形状、颜色、建筑材料等方面进行思考，有了不同的答案，而每一种答案都是正确的，这就是我们对事物的功能发散。

在了解了发散性思维的功能之后，我们会发现，无论是在生活中使用的一些小妙招还是在工作中解决困难，都离不开发散性思维。

在1952年前后，大批电扇积压在日本东芝电气公司的库房里，这批电扇扇叶很大，质量也很好，但就是卖不出去。

没有销路就没了收入，当时东芝电气公司的董事长因为此事十分着急。这天，他的办公室里来了一个小职员，他说自己有一个建议，能够改变公司的现状。他说："目前市场上的电扇都是黑色的，我们的电扇颜色也是黑色的。为什么我们不能改变一下电扇的颜色呢？"

董事长听了这位小职员的话，深受启发，经过研究，公司采纳了这个小职员的建议。于是，在第二年夏天，东芝公司就向市场投放了一款浅蓝色的电扇，出乎意料的是是浅蓝色电扇的销路很好，大受顾客的欢迎，甚至市场上还掀起了一阵抢购电扇的热潮，电扇颜色的改变让东芝公司在短短几个月内就卖出了几十万台。从此之后，日本及全世界的电扇，都不再单单是黑色的了。

这位东芝公司的小职员显然是运用发散思维，从产品的颜色着手，将改变颜色作为改变销路的途径。

既然我们知道发散思维的重要性，那么在日常生活中，我们究竟要如何训练自己的发散思维呢？想要让自己成为一个善于运用发散思维的人，就应该先去了解发散思维具有哪些特点，比如，发散思维具有流畅性、变通性和独特性的特点。因此，在训练的过程中，需要在合理的情况下，追求独特性。如果一开始产生不了独特性思维，不要着急，循序渐进地进行训练，渐渐地你就会发现自己进入了发散性思维的状态。

我们是社会中的人，要用发散思维思考事情，就需要多见多闻。一个被封闭在狭窄环境中的人，是不会意识到新鲜事物的存在，更不容易产生发散思维的。

发散思维要求我们能够“多条腿走路”，而多条腿走路就要掌握一定的平衡性，如果我们不顾及各条腿的力量平衡，自然就会摔倒。因此，思维进行发散思考是正确的，而科学的发散思维更是必不可少的。如果将发散思维定义为“奇思”，而单纯追求思维的独特性，致使思维结果无法与实际相符合，那么这种思维也仅仅是天马行空，根本无法进行实践，这样的发散思维对我们实际生活是没有帮助的。因此，发散思维是建立在“罗马”的基础之上，只有想到了“罗马”，才会去考虑走哪条路能到达“罗马”，走哪条路能以最快的速度到达“罗马”。

类比思维：有比较才有创新

■ ■ ■ ■

我们先来从概念上分析什么是类比思维，从表面意思来讲，类比，即对比。类比思维即对两个具有相似点的事物进行对比的思维方式。这种思维方式需要对某一事物的特征进行推理，在同一类事物中得到相应的特征显示。类比思维是对特殊事物的比较，这种比较不是整体性的，而是对个例的参照与推理。这种思维方式会在归纳和演绎思维所无法使用的领域发挥其独到的作用。

在生活中，我们会发现做选择的过程似乎是类比的过程，你要选择A可能就会舍弃B的优点，而你选择了B，则很有可能需要接受A的缺点。这就意味着我们在日常解决问题的过程中，要对问题进行比较和选择。

心理学家曾经做过一个实验：有一个身患胃癌的患者，他的身体水平已经不能支撑他进行手术治疗，按照医生的推断，只能通过放射治疗，先对癌细胞进行控制。这个时候又出现了一个棘手的问题。杀死癌细胞需要用很强的放射线，但放射线太强的话，在杀死癌细胞的同时，也会杀死很多健康的身体细胞。如果选择的射线很弱，则不能杀死大量的癌细胞，从而对疾病的控制产生不利的影响。

面对这种情况，医生究竟该怎么做？一位聪明的医生选择较弱一些的放射线，从多个部位射到癌细胞，以达到既杀死癌细胞，又将对身体健康组织的损害降至最低的目的。

面对案例中这样的实际问题，类比思维似乎就显得十分重要了。如果没有了类比思维，可想而知，医生会直接进行选择，两种选择无论是哪一种，都是具有一定危害性的。

类比思维具有很强的创造性特点，这主要是因为由这种思维自带的比较性决定的。类比思维是对比已知事物特征，对未知事物特征的一种推理。那么，类比思维有哪些特点呢?

1.激活想象力

类比思维能够通过联想来激活我们的大脑，并使我们有明确的思维方向。适当的类比不但可以帮助我们进行事物的联想，还能够激发我们的想象能力和创造能力。类比思维在激发想象力的同时，能够让我们去打破惯性思维，另辟蹊径。

2.具有启示性

类比思维的启示性很强大，它能够为创新提供具体的线索，尤其是在进行创新的材料还不够充足、我们无法进行系统归纳和演绎思维的时候，这时类比就成了我们启动创新思维的首选方式。

3.提高猜想的可靠性

类比思维在进行假设时，往往起着加强作用。因为创新的过程就是人们要提出可靠性较高的假说，而依照类比推理，需要对推理的每一项进行比较，比较的过程本身就是一个再三确认的过程。我们对两个事物的每一项特征进行比较，自然可靠程度会提高。

有人会说我很少进行类比推理，因为自己根本不知道这种思维如何培养。要培养这种思维，就需要找到对比项，即自己熟悉的事物。比如，你想要推理B事物是否具有C特征，就需要提前了解和B事物十分相近的A事物，A事物具备C特征，自然可以得出B事物具备C特征。

在生活中，有比较才会有创新，而创新过程中的类比思维往往不会受到推理模式的束缚。通常来讲，创新思维具有很大的灵活性和多样性。

英国科学家培根先生曾经说过："类比联想支配发明。"他将类比和联想进行了紧密的衔接，只有拥有类比思维的人，才能够进行合理的联想，从而找到解决问题的突破点。因此，我们要想提高自己的类比思维能力，就需要提高自己的联想能力，特别是相似联想能力。

炎炎夏日，热浪扑打大地，在孟加拉国并不是每个人都能够用得起空调来进行降温。在孟加拉国有将近一半的人口用不上电，夏天最高的温度能够达到45°C，每年因为酷暑而死亡的人数不在少数。

为了帮助买不起空调的贫民，孟加拉国一家公司发明了一种"生态空调"，这种生态空调根本不需要任何电力，也不用消耗太多昂贵的原材料。

这种空调是用塑料瓶做成的，将塑料瓶剪开，插在废旧的厚纸板上，然后安装在墙壁上，通过这种方式，室内温度至少能够降低5°C。虽然这种方式不能将温度降低到空调的效果，但是对于孟加拉国的贫民来讲也已心满意足。

这样一个可以改善上亿人生活的“生态空调”究竟是如何被发明出来的呢?

发明人员说他发现人将手放到自己的嘴边，向手上吹气，如果你简单地张开嘴，直接呼出气，会发现呼出的气是热的。而如果你将嘴噘起来，向手上吹气，呼出的气就会变成凉风。而这款“生态空调”就是利用类比思维，与我们呼气的原理是一致的。

无论是科学创新还是我们日常工作方法创新，都离不开类比思维。类比思维是一种解决问题的思维方式，我们需要通过这种方式来达到提高自我认知和实现创新思维的目的。因此，对不同事物的特征进行比较，发现某个事物特征也能够存在于某个未知事物上，这也是一种推理的过程。

逆向思维：反向思考，以求真理

有这样一则小故事：

一位父亲让孩子写作业，但孩子不想写作业，于是父亲说："这样吧，你的作业爸爸来写，你只要负责检查作业就行。"

孩子很开心地答应了，父亲很快写完作业，交给了孩子，孩子认认真真进行检查，然后将每一道错题都进行了改正，还运用公式进行计算，并给父亲进行讲解。

其实，父亲故意做错全部的题，孩子却重新做了一遍，将题都做对了。

这位父亲是机智的，他没有与孩子在学习上进行正面的观点较量，而是从反方面促使孩子进行学习，这种做法正是运用了逆向思维的方式。

逆向思维被认为是智慧的思维方式，顾名思义，就是从终点到起点的一种思维方法。逆向思维有三种形式。

1.反转型逆向思维

这种思维方法是对已知事物进行反方向思考，从而产生新的构思。比如，我们在市场上看到的无烟煎鱼锅就是利用了原有煎鱼锅的制造原理，进而进行结构上的改造，结合逆向思维对结构进行反转型思考的产物。

2.转换型逆向思维

在解决某一问题时，原有的解决问题方法受阻、行不通，进而进行解决方法的转换，或进行思维角度的转换，以使问题得到顺利解决。如《司马光砸缸》的故事，司马光发现自己不能爬进水缸救人，于是想到将水缸砸破，水流出，使人获救。这无疑是一个转换型逆向思维的典型事例。

3.缺点逆向思维

这种思维的着眼点是事物本身涵盖的缺点，在生活中将缺点利用起来，化被动为主动。这种思维方法的目的不是克制事物的缺点，而是利用缺点，将缺点转化为优点，从而使问题得以解决。比如，人们发现金属在空气中放的时间长了就会被腐蚀，这并不是一件好事。但可以利用金属腐蚀的原理，加工生产金属粉末。这无疑是将金属腐蚀的缺点转化为可以供我们利用的优点。

一家自助餐餐厅在经营之初发现客人浪费现象很严重，造成成本增加。于是店老板想出了一个办法，他将一张公告贴在餐厅十分显眼的位置：凡是浪费食物者，本店会对其罚款10元。结果生意一落千丈，店内客人很少。店老板很不解，便问一位有经验的老者，老者告诉店老板可以将售价提高10元，规定改为：凡是没有浪费食物者，本店会额外奖励10元。结果自助餐厅生意火爆，而且很少出现浪费的现象。

通过上面的例子不难看出，店老板开始的规定是让顾客“吃亏”，而后面老者提出的建议是让顾客“占便宜”，这其实是典型地运用逆向思维处理问题。

那么如何培养逆向思维，寻求真理呢?

1.多角度看问题

对于同一事物，站在不同角度进行问题思考，所得到的答案也是不同的。我们不妨站在不同的角度去看待问题，从这个角度看到的或许不是事物的本质，而从另一个角度去分析，才可能获得事物的真相，从而选择反向思维的切入点。

2.从正反方向进行问题分析

逆向思维也是一种反向思维的方法，因此，在日常生活中，我们思考事物，可以对反方向事物发展规律进行总结。这样做的目的是建立一种思维的惯性，让我们看到某些事物之后，直接想到运用反方向的方法进行思考，自动激起我们的逆向思维。

3.敢于突破惯性思维

很多人习惯了正向的思维方式，即从A到B的思维导图，而在适当的时候，我们可以自动选择从B到A的思维方式。突破常规思维方式是逆向思维的一大特点，即异常性。

一位老太太有两个儿子，大儿子做染布生意，而小儿子做雨伞加工销售生意。这位老太太天天愁眉苦脸，因为她总是有自己的担忧：

下雨天，她害怕大儿子染的布没办法晾干，便祈祷天赶快晴朗起来；而晴天，她又担心小儿子加工生产的雨伞不好卖。

邻居看到老太太闷闷不乐，便走过来问其原因，得知原因之后，便劝导老太太说："您不能那样想，可以这样想，如果天下雨，您小儿子的雨伞就能有好的销路。如果是晴天，您大儿子染的布就能够晾干。"

老太太听了邻居的话，脸上露出笑容。

通过这个案例我们可以看出，邻居就是利用了逆向思维，让老太太由担心变得喜悦。在现实生活中，我们需要用逆向思维去思考问题，这种思维方式能够让我们的心情由消极变得积极，帮助我们摆脱困境。

一个人在某个时刻，不能出现两个方向的思维。因此，我们只能朝着一个方向去进行思考。如果我们要将思维和实践相联系，那么就需要我们在思考的时候注意思维的方向。逆向思维正是一种通过改变思维方向而形成的思维方式，我们通过事物反方向规律的操作，得到对自己有益的答案。当然，并不是我们思考任何事情都可以运用逆向思维，很多时候，逆向思维是行不通的。由此可见，我们要想使用逆向思维，就要保证事物的反方向运行是合乎逻辑的，同样要保证反方向掌握事物规律也是对我们解决问题有益的。

假设思维：先假设再论证

在我们分析问题时，假设思维是最常用、最基本的思维方式之一。在生活中，一个问题的顺利解决，往往需要我们先对问题解决过程或者是结果进行假设，然后再经过论据论证。而假设思维指的就是对已知事物的规律、理解进行假设的思维方式。

人们在了解某个事物之后，出于某种目的会先进行假设，对事物出现的规律和原因进行初步判定和说明。因此，这只是一种推测，要想将这种推测变得可靠，就需要进行科学的论证和实践，从这点来看，假设思维要想成立就需要实践论证。

一般来讲，假设思维的运用需要经过两个步骤。

1.假设

我们在了解某个事情的经过、原因、规律之后，可以根据自己掌握的资料和已经拥有的科学原理来调动自己的知识，充分发挥大脑的主观能动性，做出假设。

假设往往是我们解决问题或思考问题的一种需要，而假设是需要依据的，而不应该是凭空出现的。假设的依据是什么？是我们掌握的材料和知识。

2.论证

假设仅仅是一种初步的猜测，虽然有依据做支撑，但这并不能代表我们的假设是真实的结果。要想得到真实合理的结果，就需要对假设进行论证。论证就是用事实材料对结果进行不断的证明，这样不仅能够修正假设，还能让我们找到合适的方法来解决问题，最终让我们的假设趋于合理和科学。

胡适治学的一句名言：“大胆假设，小心求证。”这句话正是假设思维的具体体现。其实，在现实生活中，我们也经常会用到假设思维。比如我们玩的走迷宫游戏，在卡片上画着一个迷宫，并标明了入口，然后从另一个出口出来，其中只有一条是正确的路径。那么在玩这个游戏的时候，我们要以最快的速度找到出口。在走迷宫的时候，你会发现有很多条路，我们会边走边看，是否挑选的路通向出口，如果发现走的路到达不了出口，那么我们需要重新选择路径，这就是假设思维的实际应用。

假设思维的好处有很多，比如，在一开始就让我们看到了问题在哪儿，与此同时，我们还能够看到假设思维的价值有哪些。首先，假设思维能够帮助我们提高解决问题的效率。尤其是对一些复杂的问题，假设思维能够帮助我们找到便捷的方法，让我们免于浪费大量精力。其次，假设思维是一种结果导向，我们可以对结果进行分析。比如，我们可以假设结果，了解某些事情会出现哪种结果，而哪种结果是自己所需要的，要想达到这种结果，我们要做些什么。最后，假设思维的运用需要我们对事物或事情的经过有充分了解，这对掌握事物真相是十分有利的。

运用假设思维时，一定要对整个事件有全面的把握，否则就会导致我们的假设存在误差或偏差。如果我们的假设不够精准，那么我们要想通过论证来证明自己假设的结果也并不是一件容易的事情。当然，我们运用假设思维的时候会很多，出现假设偏差也是在所难免的，遇到这种情况，不必惊慌，更没有必要想尽办法通过论证去证明自己的假设是正确的。

杨晓帆开了一家快餐店，他的快餐店在这座小县城里算是规模最大的。由于生意很好，在半年时间里，他的快餐店就开始盈利了。在之后的一年，他所经营的快餐店的纯利润达到了五十万元。杨晓帆心想，以现在这样的收入，如果自己开三家快餐店，一年的纯利润就能达到一百五十万元。

在有了自己的构想之后，杨晓帆开始谋划开第二家、第三家快餐店的事情。无论是在店铺选址上，还是在经营品类上，他都参照第一家快餐店的经验。最终，在年底算利润的时候，他发现三家店的纯利润总额只有一百万元。第一家店因为是老店，所以年纯利润占四十万元，其他两家店，各占三十万元。

杨晓帆开始思考为什么年纯利润会不如自己预期的那样多，之后他发现，自己的店铺都开在了这个县城里，县城的市场总需求量就这么大，如果自己再扩展店面，恐怕利润收益也不过这么多。于是，杨晓帆打消了开第四家快餐店的念头。

杨晓帆根据第一家快餐店的经验进行假设，最终，第二家店和第三家店的收入虽然不如自己假设的那么多，但是他了解到市场趋于饱和，不适合再增加店铺。杨晓帆就是运用了假设思维，通过假设思维来决定店铺增减的问题。

在生活中，假设思维运用得相当广泛，我们每天的生活或工作都会涉及这种思维的运用。在运用假设思维时，我们要有根据地进行假设，假设不是毫无边际地幻想，更不是不着边际地乱猜。假设的依据源于事实材料和事实真相，我们只有了解了事物的全部，掌握了充足的资料，才能够进行合理假设。假设并不是我们的最终目的，因为不经过论证的假设是毫无价值可言的。

在进行假设论证过程中，我们更需要足够的论据做支撑，只有这样才能够保证我们的论证有理有据。论证之后，会发现我们的假设是否符合事物发展规律，会发现我们的假设是否能够满足解决问题的需求。因此，先假设，再论证，是通过假设思维解决问题的完美步骤。

组合思维：1+1＞2

■ ■ ■ ■

组合思维又被称为合成思维，通过称谓可以看出这种思维并非是对单个事物进行的分析。组合思维是将多项不相关的事物加以连接，从而成为一个整体。组合思维绝非个体之间的单纯相加，在功能上，会产生1+1>2的功效。

对不同事物进行组合，最终会产生一种新的事物整体，而组合的形式是多种多样的。

1.同类组合

将同类事物进行组合，然后形成一个整体，从结构或范围上更具有影响力和效力。

在一次国际名酒展销会上，各国代表都拿出了本国的名酒。即中国的茅台酒、德国的威士忌、法国的香槟、美国的鸡尾酒、俄罗斯的伏特加等。

每个国家的名酒在本国的影响力都是巨大的，而这次展销会展出了各国的名酒，可想而知，这次展销会对展出国乃至整个世界的酒业都会产生巨大的影响。

2.异类组合

异类组合是将两种或两种以上的事物进行组合，这些事物可以来自不同的领域，其组合思想可以不同。组合对象多是来自不同领域，组合起来之后无主次之分。组合对象能够在结构、材质、成分等方面进行相互渗透，甚至相互融合，最终使得整体变化显著。

3.重组组合

重组作为一种手段，可以将事物的不同层次进行分解，然后挖掘和发挥更大的技术潜力。比如，儿童玩具——积木，就是利用这种重组，建立孩子的重组意识，培养孩子的重组能力。

4.共享组合

这种组合方式就是将某一事物中具有相同功能的要素进行组合，然后达到共享的目的。比如不同型号的手机可以通用一条充电线。

5.概念组合

所谓概念组合就是对总结出来的命题概念进行组合。比如，我们生活中常听到的绿色食品、音乐餐厅等。

组合的形式有很多，但是无论哪种形式，其目的都是让事物具备更大的价值和优势。比如拔河比赛，人员的叠加组合能够让整个队伍更加有力量，这就如同不同事物的相互组合，能够产生更大的力量。

市场上流行一种水果的销售方式，销售人员将水果进行分割组合销售，即先将水果切块，然后放到盆子里，人们根据自己的喜好随意添加，然后按照定价进行销售。因为水果价位不同，人们挑选水果喜欢多种多样，最终销售利润会增加。

这种水果的销售模式就是一种组合思维的运用，这样的销售方式，利润空间远远超过水果单独售卖。

组合是一种创新，而非简单排列。组合思维是将看似不相干的事物进行组合，从而让整体达到具有某些功能特征的特点。其中要注意的一点是，组合所形成的整体会具备单个事物所不具备的功能。比如，我们将汽车的各个零部件进行组合，从而形成了一辆超酷、超快的轿车，而无论将轿车的任何一个零部件取下来，都不能提高轿车的速度，而轿车高速行驶的特点就是事物组合后的新功能。因此，组合不是简单相加，更不是1+1=2，而是一种创新，是1+1>2。

组合思维的形成也需要付出一定的知识积累，因为没有知识的积累就无法对各个局部事物产生认知。比如，你想制造一台电脑，如果对电脑的各零部件的功能不了解，对电脑的构成和工作原理不熟悉，自然不能制造出电脑。因此，广博的知识是我们调动组合思维的基础。

某个家具制造企业为了摆脱销售困境，征求员工们的意见。其中一位员工说道："我们现在生产的产品有床、沙发、学习桌、凳子、书架。"领导听了点点头，然后这位员工接着说："消费者需要整套家具，但是他就看上了我们，一个餐桌。因为他也需要其他的家具，他就会去其他的家具店里购买床、沙发、学习桌、书架。如果我们能够满足消费者对全套家具的构想，让他们满意我们整套家具的设计，这样他们就会买我们的全套产品，而不仅仅是一张餐桌。"

经理听了问道："如何将所有家具联系到一起？"

这位员工回答："很简单，我们给客户提供全套家具定制，虽然这样会让我们的工作量增大，难度增大，但是利润空间也会提高。这样一来，我们挣的就不只是单纯一个凳子的钱了，可能是所有家具的钱。"

经理听了，认为这位员工说得很有道理，便召开了管理层的商讨会议，决定开始提供全套家具定制服务。

这位员工能够将各个家具进行组合，这无疑就是一种组合思维的运用。组合思维所发挥的效能要远远超过单个个体的效能，这点毋庸置疑。

在现实生活中，我们要对周围的事物进行全面认知，了解事物的各个方面，而不是单纯的某个方面。这样才能在最恰当的时候选择事物的某方面进行组合。掌握组合思维的方法，也有利于我们恰到好处地进行事物的组合，让事物形成功效更强大的整体。

系统思维：站在最高点想事情

■ ■ ■ ■

系统思维是将思维对象作为一个系统，从系统和要素出发，在其系统和环境的关系中，进行综合考察和认知。系统思维能够帮助我们抓住整体和要害，从全局出发，站在最高点思考问题和解决问题。

系统思维的运用依靠抽象能力的支持，我们通常也会将这种思维称为整体观和全局观。某个系统中可以包含多项元素，而不同的元素之间必然会存在一定的联系。我们要系统思考问题，就要站在所有因素之上去思考问题，不能单纯从某一个方面进行问题的思考，更不能将系统中某个元素单独拿出来，而不去估计其他的因素。

系统思维是需要我们将要实现的结果、实现结果的过程以及产生的影响和作用进行一系列的研究和规划，实现全面思考，而非就事论事。系统思维是一种全面思考方法，我们要估计到整个事物的发展过程和结果。

有这样一个案例，我们不妨分析一下：

一个药业集团是当地经济的龙头企业，这家企业的总经理杨先生也有着很大的“野心”。同样，在这个地方还有另外一家药业公司，这家药业公司规模不大，但是固定资产已经达到5000万元。

一天，这家药业公司的副总经理找到杨先生，对杨先生说："我们公司内部已经商议了，希望能够划归到您的药业集团中，成为您药业集团的一分子。"

杨先生听了先是有些惊讶，要知道这意味着对方企业在主动请求收购。杨先生当时没有给对方准确的答复。

紧接着，杨先生召开了会议，商议是否收购这家药业公司。在这个事情被提出之后，集团的大部分高层领导都认为可以收购，毕竟对方的固定资产也有半个亿。然而，市场部经理站起来说："据我了解，这家企业是现金流出了问题，我们应该拒绝收购这家企业。"

杨先生示意他解释清楚。市场部经理说道："这家企业只有普药，却没有新药，企业员工大概400人，其销售能力很差，没有专业的销售团队，其销售渠道主要是通过大流通企业销售，这样其应收账目都达到了上千万元，对方提出被收购，这也就表明现在他们的资金链出现了问题。现在收购无非是给自己挖了个坑。"

杨先生听了之后决定对这家企业进行全面了解之后，再做决定。最终，他放弃了收购这家企业。

所谓"天下没有免费的午餐"，在生活中，当我们遇到"免费午餐"时，就应该全面思考，这是不是"鸿门宴"？要知道，现实的诱惑有很多，而要想避免受到诱惑的困扰，就应该从全局去思考问题，避免让自己陷入困境。而全局思维就是系统思维，掌握系统思维十分重要。那么通过哪些方法可以掌握系统思维呢?

1.整体法

顾名思义，整体法就是指通过对整体的考虑，将整体放在首位，而不是将整体的任意一部分或者其中一个个体放在首位。这就意味着需要将思考问题的方向定位在整体和全局。如果我们放弃这种整体法去思考问题，往往会做出错误的选择和推断。

2.要素法

每一个整体的形成都包含了多种要素，因此，我们要对每一个要素的每个部分进行思考，从而得到全面的考量，这样才能促使整个系统正常运转。

3.功能法

这种方法指的是为了让整个系统能够呈现最佳的状态，我们从大局出发，然后调整或改变系统内部各个元素的作用或功能。在这个过程中，我们会利用部分功能的优化或改变，使整个系统的功能性更强，从而获得系统的全局利益。

4.结构法

通过对系统中各个结构的调整或重组，使得系统内部结构更加合理。系统不是单纯由一个部分组成，而是由多个部分组成，每个部分之间的结合是否合理，对系统的正常运营是有一定影响力的。因此，对系统中存在的问题进行修复或者调整，是保证事物处在最佳状态的必备条件。

系统思维的实现方法能够帮助我们理解系统与系统之间、系统与内部元素之间的关系，也能帮助我们开拓新的知识领域，掌握新的知识系统。

小张生活在一个三线城市，她发现当地开办的儿童兴趣培训班比较火，再加上自己毕业于师范院校，自己的闺密学的是舞蹈。于是，她与闺密商量，准备一起投资开一个舞蹈培训班。在制订了目标之后，她们开始选择开培训班的地方，经过将近三个月的准备，舞蹈培训班终于开起来了。

小张开始以为开培训班是一件比较轻松的事情，只要招生、对学生进行舞蹈教授就可以了。但是没想到在招生阶段就遇到了难题。因为是新开业的培训机构，她根本没有招生的经验，就连课时费的定价，她都是参照其他培训机构的定价来制订的。可想而知，很快她的培训班就出现了问题。再加上培训班的地址太过偏僻，很多学生不愿意跑这么远学习舞蹈，最终交了培训费的十几个学生也纷纷要求退费退学。

小张在开舞蹈培训班之前，没有从整体上对这件事情进行分析，导致她最后创业失败。在做任何事情之前，如果不能对事情进行全面分析，往往会忽视很多影响成败的重要因素，最终的结果则是影响全局的发展。

善于进行系统思维的人会站在最高点去看待问题，将系统中每个细节都进行认真考虑和考量，避免出现遗漏的情况。与此同时，系统思维具有动态性，即系统并不是一成不变的，随着时间的推移，系统也是会发展变化的。我们要想快速接受系统的变化，就要及时增强自己的全局思维意识，保证运用全局观念去思考问题、认识事物。

第七章

逻辑思维是人际沟通的法宝

有逻辑才能更善言

■ ■ ■ ■

善言在这里有两层含义：一种是有益之言，能够给别人带来美感的话；另一种是善于言辞。处理任何事情都需要我们去进行思考，而思考的过程就是进行逻辑思维的过程。一个善于说出有益他人的话的人，也总能够得到别人的喜爱，因为这样的人善于站在对方的角度去思考问题，从而帮助对方分析事情。同样，对于一个沟通能力强的人来讲，逻辑分析能力是其必备的素质。

著名的企业家马云在接受采访时曾经说过：“阿里巴巴公司不承诺任何人加入阿里巴巴会升官发财，因为升官发财、股票这些东西都是你自己努力的结果；但是我会承诺你在我们公司一定会很倒霉、很冤枉，干得很好领导还是不喜欢你，这些东西我都能承诺。但是你经历这些后出去一定会满怀信心，可以自己创业，可以在任何一家公司做好，你会想因为在我阿里巴巴都待过，还怕你这样的公司？”

我们对马云的思维进行分析，发现人们追逐的“升官发财”不被马云肯定，他在说话技巧上否认流行的观点。紧接着马云提出了自己的观点，他的观点“反其道而行之”，他说只能承诺“你在我们公司一定会很倒霉”，这种独特的观点能够吸引人们的目光，紧接着，他将自己的观点上升到一个更高的高度，即离开阿里巴巴之后可以“创业”。这种表达又能给人一种内心的满足。

在现实生活中，一个情商高的人往往是一个善于言辞的人。同样，一个人的情商也会通过他的逻辑思维展现出来。比如，一个善于分析的人在看到马路上出了车祸的时候，会说：“真遗憾，不知道又是谁出了意外。”而一个不善于逻辑分析的人则会说：“幸亏出车祸的不是我们。”前者是表示对车祸的惋惜与对他人的担忧，后者是表示对自己的担心。

一个善于逻辑分析的人，具体体现在言行方面又会是怎样的呢？

1.善于说别人喜欢听的良言

面对什么样的人就要说什么样的话，或许你会说这样会显得这个人很圆滑，但是同时也表明这个人是善于从多方面思考问题的。在我们看到某个人的时候，通过逻辑分析，能够知晓这个人是怎样的一个人，从而在交谈中采取顺应对方的交流方式，赢得对方的喜爱和尊重。

李萌萌是一家手机店的销售员，她每天都会接待各种各样的客户。星期日，一位穿着时尚的女士来到了店里。

看样子女士买手机的欲望不大，进店之后只是来回走动，随便看看，偶尔还向窗外看着。李萌萌走上前，笑着对这位女士说道：“请问您的美甲在哪儿做的？怎么做得这么漂亮？”

女士同样微笑着说：“这是我刚刚做的，就在世纪公园对面那个美甲店。”

李萌萌说道：“您的美甲太漂亮了，主要是您的手长得也漂亮，我的手又粗又黑，都不好意思进美甲店。”

女士笑着说道：“我的手也不好看，没关系，如果你想做美甲，我把你推荐给我的朋友，她可以帮你设计一套适合你的手的美甲。”

李萌萌说：“那太好了，那这样我得加您微信。”

加上微信之后，李萌萌问女士是不是想买手机，原来女士只是在等朋友做护理，自己闲来无事，逛到了手机店。后来，李萌萌和这位女士成为微信上的好友，女士也推荐了几位买手机的朋友给李萌萌。

2.通过逻辑分析化解语言危机

在遇到一些突发事件时，我们可能会慌张，不知道如何进行处理。而善于逻辑分析的人能够通过事物的本质来对事物进行分析，从而找到应对的方法，通过语言表达来化解危机和尴尬，摆脱困境。

记者问黄渤：“听说在拍完《疯狂的石头》之后，你的片酬比以前涨了120倍？”

黄渤回答：“可别害我了，这么说谁还敢找我合作？打个比方吧，我就是属于‘物美价廉型’的。”

显然记者的提问是一个“坑”，黄渤如果直接否认，那么他势必会被记者找到涨片酬的证据，而如果他肯定记者的说法，无疑对他之后的演艺生涯很不利。黄渤通过分析，先是直截了当指出对方问题的危害性，然后再用“物美价廉型”这种说法否定对方的言论，也风趣地回答了记者的问题。

3.通过逻辑分析，在适当的时候说适当的话

一个善于言辞的人并不一定说多么深奥的道理，也不一定说多么沁人心脾的话语，而是懂得在什么时候说什么话。比如，当你看到同事被老板骂了之后，十分伤心，你即便知道是因为同事没做好工作导致的，也不要去指责同事不认真工作。要善于站在同事的角度去思考，分析同事的内心，然后进行劝慰。

在对事物分析之后，你会发现我们对待事物进行分析的角度不同，那么所进行的语言表达也是不同的。

无论是在生活中，还是在工作中，我们都希望自己是那个善于与人沟通的人，而要做一个善言的人自然就需要分析形势。通过对事态发展的分析来选择自己说怎样的话，这样的话语才不至于将自己推向人际交往的深渊。而一个不善于运用思维分析事态的人，会被他人认为“没有眼力”，他们不懂得分析人、分析事，只是为了发泄“口欲”，这样很容易让自己陷入尴尬的境地。

提问的逻辑让你妙语连珠

■ ■ ■ ■

“一问一答”的方式，是人们沟通过程中常用的一种形式。然而，“问”和“答”的过程都是逻辑思维的过程。经研究发现，99%的有效沟通是通过提问实现的，只有合乎逻辑的提问，才能在不动声色处驾驭对方的回答思路，掌握沟通的主动权。

提问的目的是什么？要知道，提问本身不是目的，而是我们要了解事情经过，了解真相，需要通过提问的方式进行。如何问、问什么、何时问都是在我们逻辑计划之内的。有人说：“提问还不简单？”提问甚至会被认为是一种刻意的刁难。同样，如果我们提出的问题，总是给别人一种“刁难”的感受，那么我们的提问往往不受欢迎。

关于提问，很多时候我们希望通过一般来找特殊，即从一般的问题中，找到特殊的答案。比如，你会问一个善于人际交往的人：“我和上司处不好关系，怎么做才能让上司喜欢我？”你提出的问题看似常见，但是你的问题也会让对方觉得难以回答，毕竟影响答案的因素有很多，在不划定影响因素范围的前提下进行提问，是一种“冒险”沟通。人不同，思路不同，想法也不一样。因此，“如何有逻辑地去提问”，本身就是一个很好的问题。

1.提问的目的让你有问题的敏感性

你费尽心思去提问，想尽办法获得答案，必然要知道自己的意图是什么，即自己提问的目的是什么。只有明白了提问的目的性，我们才能围绕要探寻的目的进行提问，才不致“跑题”。

在生活中，我们经常会看到这样的情况，本来我们想要通过提问了解到某方面的问题，而聊着聊着发现距离自己的目的越来越远，甚至自己失去了再次进行提问的机会。

谢慧楠接到上级的工作安排，让她去拜访一位客户，希望从客户那里了解到什么时候能够签订合作合同，目的也就是催促合作签约。

谢慧楠见到客户之后，先是夸赞客户的办公室有文化气息，又夸赞客户办公室墙上挂着的那幅字画，两人聊着聊着半个小时过去了。

谢慧楠突然意识到自己来的目的，便开始问：“上次我将咱们两家公司合作的合同给您之后，也不知道您这边是否有意见？”

“我没意见。”说完客户接了个电话，然后说道，“合作的事情下次单独谈，现在我真的有一个紧急会议要参加。”

谢慧楠明白自己提问的目的，但是她却没有问题的敏感性，无论是在交流初期还是在提问中，都没有办法让客户按照自己的思路去进行回答。

2.问题要符合人们的认知规律

人们的认知水平是不同的，有深有浅，有低有高，各有不同，不同的人对待同一个问题有不同的看法。因此，我们要根据提问对象对问题的认知水平进行提问，是选择由浅入深，还是直接提问，这主要是根据我们的提问对象是否符合我们所提问问题的认知规律。

某节目主持人问一位演艺工作者："你愿意让别人称你为演员还是明星？"显然这位主持人认为"演员"和"明星"是有很大区别的。

被问对象回答："都可以，我认为没区别啊。"

显然被采访的对象对演员和明星没有深度的认知，他认为两者都是一样的。那么这位主持人要想进一步提问，就难上加难了。

3.对于复杂的问题，要善于拆分

有逻辑的提问是能够化繁为简的，毕竟谁也不想回答过于复杂的问题。如果我们提的问题过于复杂和烦琐，那么回答者很容易误解我们的问题，甚至曲解我们的意思。因此，我们要学会通过思维将问题进行拆分，找到问题之间的递进关系，一步一步深入提问，给对方一个梯子，让他慢慢爬上我们感兴趣的高点。

4.提问要从对方的角度去思考

我们要问的人是谁，自然就要站在谁的角度去进行问题思考。我们要将问题摆给谁，就要了解对方处理问题的手段和方法。放下自己的想法，思考对方担心的是什么，这个时候我们的逻辑才能更清楚，解决问题也才能更顺畅。

据报道，电影《天下无贼》曾经出现过审查通不过的情况，理由是：竟然美化了贼，还让贼做了这部电影的主角！如果人们都去模仿贼，那社会不就乱套了？

作为导演的冯小刚，他拍这部电影的逻辑是宣扬正义，虽然主角是贼。从逻辑上来讲，冯小刚导演是没错的，但是从“社会影响”来看，这部电影是有问题的。

冯小刚也感到很无奈，便问王硕导演，如何扭转“社会影响”？

王硕导演回答：“把结尾改一下，改成女贼怀孕，在庙里祈祷，希望自己的孩子将来不要做贼。”王硕导演的逻辑是即便是好贼，也不希望自己的孩子做贼。

冯小刚采纳了这个建议，最后电影通过审查。

王硕就是站在了冯小刚和电影审查部门的问题角度去回答的，这样的回答符合提问的目的和逻辑。

你或许会说，提问不就是将自己不清楚、不明确的事情提出来，获得别人回答的过程吗？其实，提问需要逻辑性做指导。提问之前，你需要明白自己提问的目的是什么，自己的提问是否符合对方的逻辑，自己的提问是否能够有利于自己之后的交际。

提问不是漫无目的地瞎问，更不是对他人的一种刁难。我们要在有逻辑思维指导的情况下，提出自己的问题，让别人跟随自己的思维进行回答，从而获得自己想要得到的答案。有逻辑的提问胜过自己费力的调查，在社会生活中，提问能够帮我们成为妙语连珠的高手。

说服的逻辑让你成为社交高手

■ ■ ■ ■

如果你想要说服别人，那么不妨先思考以下三个问题：

（1）被别人说服时，你在思考什么？

（2）说服别人，真的需要理由吗？

（3）为什么你总是很难说服别人？

在生活中，当你与别人意见出现分歧的时候，是你说服了别人，还是别人说服了你？在你听了别人的建议之后，你是否很容易改变主意，按照别人的思维去想事情，最终按照别人的建议去改进呢？如果你的答案是肯定的，那么你需要去认真思考一个问题，即自己为什么很难说服别人？

要想说服别人，让别人跟随自己的思路去思考问题，你就要保证自己所说的具有合理性。所谓合理性，就是自己说的符合对方的要求和目的。比如，你希望对方购买你的空调，你可以告诉他夏天热的时候没有空调是多么痛苦的事情，然后告诉他空调能够帮他降温之外还有什么好处。总而言之，你说服对方的言语要是合理的，而这就要求你的逻辑是顺畅的。

说服别人不是一件容易的事情，因为每个人都有自己的思想，你不想顺从别人的思想，同样别人也不想轻易改变自己的思想来照顾你的感受。因此，在说服别人之前，一定要有自己的逻辑，而自己的思考逻辑需要的不仅仅是思想，更重要的是一种思维方式。

我们在生活中经常会看到这样的事情，你站在了对方的角度，然后说了一些为对方好的话，对方也表示赞同，你以为对方已经按照你的逻辑进行了事物的分析，也接受了你的建议，但是最终你发现，他仍然坚持自己原来的方法和态度。这究竟是为何？分析原因，虽然你从言语上说服了对方，对方也觉得你说得很合情合理，但是却在逻辑上没有说服对方按照自己的逻辑去做，也就是我们所说的“口服心不服”。

那么，我们要如何做到有逻辑地去说服别人呢？

1.记住，“没有人愿意被改变”

有人会认为只要自己说的“在理”，那么别人就愿意按照自己的想法去做。其实不然，没有人愿意去被别人改变和左右。因为人们会认为“我被说服了，等于我被打败了”。

在每个人的大脑中，总会有这样或者那样的想法，他们对事情有自己的判断方式和立场，对待事物也能够找到自认为好的方法和解决途径。就拿辩论来讲，辩论双方都在极力说服对方承认自己的观点，于是他们拿出很多对方观点的对立素材，进行不断反驳。我们会发现，辩论到最后，仍然是双方谁也不想承认对方的观点是对的。

2.注意对于词语的运用

要想说服别人按照你的思想去做事情，那么就需要注意自己的言语，尤其是自己选择的词语。

两个情侣吵架，事情经过是这样的。娜娜对张亮说："明天情人节，我们交往一年了，明天晚上我们应该去吃一顿大餐，再看一场电影。"

张亮虽然觉得没有必要，但是也没说什么。情人节当天，不巧的是张亮被领导安排加班。娜娜很生气，张亮说道："你应该为我多想想，我工作那么忙，怎么陪你过这个节？我又不是没有工作。"

娜娜反驳说："那你也应该为我考虑一下吧，我们交往一年了，你应该知道我多么期待这个情人节。"

娜娜只是希望张亮陪她过情人节，张亮只是希望娜娜理解自己的工作。而两个人都用"应该"去说服对方，这只能是让双方都变得更加坚持自己的观点。"应该"这个词汇本来就代表着，"不这样做就是错的"，而这种词汇的运用是很容易激化矛盾的。

3.没人喜欢不知情

无论是在生活中，还是在工作中，你会发现一个人如果对某个事物不够了解，自然他也不会积极配合。这是可以理解的，因为他不知道发生了什么事情，你怎么让他去接受事情呢？因此，在说服对方之前，你需要先让对方了解事情的经过。只有当对方了解了事情的经过，才会发自内心愿意去接受别人的建议或想法。

乘坐飞机的乘客都登机了，此时，却传来广播，说因为天气原因，进行航空管制，暂时不能起飞，要稍等一会儿。

一位老太太很生气，她将空乘人员喊到身边，大声说道："不起飞让我们上飞机干吗？在候机室起码宽敞，谁愿意坐在这个小位置等啊，不能飞为什么不早说？”

空乘人员：“很抱歉，您稍微等一会儿，现在航空管制。”

老太太：“航空管制？为什么让我们上飞机后等？”

空乘人员：“抱歉，航空管制，需要您耐心等待一会儿。”

老太太：“一会儿是多久，一个小时？两个小时？”

老太太越嚷越凶，空乘人员没有办法，只好去告诉座舱长。座舱长走过来跟老太太解释道：“阿姨，是这样的，所有飞机都需要排队起飞，我们必须在航空塔台做登记，按照登记的顺序排队，一轮到我们这架飞机，我们马上就起飞。但是现在天气不好，不知道什么时候天气会转好，所以我们也不清楚什么时候管制能结束，现在很多飞机都在排队。如果现在我让大家下飞机，在候机室等候，那么我们就要重新排队，这样起飞会更晚。”

座舱长讲完之后，老太太的情绪有了明显转好，她选择坐在座位上安静地等待。

不难看出，这位老太太之所以会由抱怨转为愤怒，主要是因为她不清楚“航空管制”到底意味着什么。在老太太不清楚的情况下，你即便不停地重复“航空管制”，她也是不会理解的。

4.注意说话的语调

说服别人不是激辩，更不是狡辩。在与他人进行辩论或交流时，千万不要放大自己的声音，这样的方式只会给让方产生误解，甚至会让你们的交流陷入尴尬的境地。语调也要尽量平和，不要觉得慷慨陈词就一定会说服别人。

有逻辑地去说服别人，让别人愿意接受你的观点，这本身就是一件具有挑战性的事情。因此，要想达到说服别人的目的，就要让自己说服性的话语更符合逻辑，并且在对方知晓事情经过的前提下，合情合理地给予建议。

说服是沟通的方式之一，说服别人也并不是说得越多越好。抓住要害，做到一针见血，才能让对方口服心服。因此，我们不但要说到点子上，更要合乎对方思考问题的逻辑，只有这样才能保证我们的思想正确无误地传达到对方的大脑中，从而让对方心甘情愿地去接受我们的观点和价值观。

善辩，是大脑在不停思考

■ ■ ■ ■

培根说：“逻辑修辞使人善辩。”可见，善于说辞的人往往大脑思维比较灵活，毕竟我们说任何话之前都会经过大脑。在生活中，我们会听到这样的话“这个人说话不经大脑”，意思是说话之前没有经过思考，说出来的话往往没有产生好的效果或影响。由此可见，一个善于言辞的人，他所说的话都是经过大脑思考的，而这样的人说的话，才能够得到更多人的认可。

孔融在十岁的时候，跟随父亲来到京城，他听说京城有一位姓李的大人，不仅官大，而且学问也很高。孔融对父亲说自己要去李府，拜见那位李大人。父亲却说自己不认识这位李大人，恐怕是无法去拜访的。

孔融进入李府之后，不慌不忙地坐到了椅子上，李大人出来看到之后，很不解，便问道：“你和我们李府有什么关系？”孔融毫不紧张地回答：“孔家和李家的关系可不一般，我的祖先孔子曾经拜李耳为师，向他请教过学问，这样说来在几百年前孔家与李家就建立了很好的友谊，我姓孔，自然要来拜见您。”李大人听了之后，笑着夸赞孔融聪明。

一天，恰巧一位陈大人来拜访李大人，看到孔融，李大人对陈大人说：“这个孩子可是个奇才啊。”陈大人随口说：“小时候聪明伶俐，长大了也未必是可用之才。”孔融听了之后，说：“按照您的意思，大人您小时候肯定特别聪明。”

这位陈大人听完之后连连夸赞孔融，说他长大之后必成大器。

从这个例子可以看出，孔融在说话的时候，肯定是经过思考的。不然他是不会说出这么有技巧的话的。

在与人交往过程中，我们在什么时候，说什么话，都是要经过大脑思考的。尤其是在与陌生人进行交谈时，我们更是需要设定好自己的语言环境以及语言质量，不能想起来什么就说什么。

那么，我们如何做到有逻辑地交际呢？

1.做到三思而后言

对于一个容易情绪化的人来讲，当他的情绪被调动起来之后，就很容易语无伦次，甚至是控制不住自己的嘴，想起来什么说什么，说了什么又全部忘记。为了避免出现这样的情况，我们在说话之前都要做到“三思”，思考自己要说什么，说这些话的后果，思考说的话是否合理。在思考完之后，你会发现自己想要说的话可能是不合理的，甚至是“不中听”的，此时，你才会转变自己的语气或用词。

2.善辩不是为了占上风

善辩的人不是伶牙俐齿，更不是善于狡辩，而是用一种更为在理的语言来陈述事实或讲述事物。在生活中，遇到与自己意见不统一的人是很常见的，此时，没必要因为双方观点不统一，就用犀利的语言对待对方。有的人可能会认为“善辩”就是说话占上风，说得对方无言以对。其实不然，善辩是对自己的想法或观点的一种更合理、更易接受的表达。善辩的人大脑是清醒的，而不是盲目的。因此，不要认为只要自己说话占了上风，就是一个善辩的人，就能够得到别人的尊重和认可，这种观点显然是不对的，要知道善辩的人是善于进行逻辑思考的。

3.善辩是讲究方法和策略的

你在表达自己思想之前，要明白与别人讨论问题的目的是什么，自己要寻求一个怎样的结果。或许你希望通过自己的言辞让别人接受自己的建议，或者让别人认可自己，但凡有了目的性，那么你说话就要讲究方法。比如，你想要让客户购买你的产品，那么你不能不停地说产品的优点，而是要更好地估计客户的需求和关注点，从客户需求的角度去思考，最终你便可以达到自己想要的目的。

4.注意自己的词汇运用

善辩，就是善于言辞，言辞就是言论辞藻。我们在说话的时候，肯定要注意自己说话所选择的词语。比如，你发现几个月未见的朋友长胖了，这个时候，你如果毫不客气地说“你长胖了”。想必再友好的人，内心也会觉得不舒服。而如果你说：“以前你太瘦了，现在稍微长了几斤肉，显得正好。”想必对方一定很乐意接受。

季斯卡是一家企业的总经理，他有一位很漂亮的女秘书叫黛丝，黛丝虽然长得很漂亮，但是工作经常出现小的纰漏。季斯卡想要批评黛丝，但是一直找不到好的时机。

这天早晨，季斯卡看到黛丝穿了一条新裙子，他对黛丝说："今天你的裙子太漂亮了，适合你这个岁数的女孩儿穿，不仅如此，你的衣服搭配得也很得体。"黛丝得到了老板的夸赞自然很开心。季斯卡紧接着说："不过我相信，既然你能够将衣服搭配得如此美丽得体，你也能够处理好会议纪要中的所有标点符号。"

黛丝听了不但没有生气，反而觉得十分惭愧，说："谢谢您的提醒，以后我会十分注意，确保不出现类似错误。"自此之后，黛丝的工作很认真，也很少犯错了。

季斯卡先用夸奖的话，让黛丝十分开心，紧接着引入正题，委婉地表达了自己的不满，这种沟通方式要比严词厉喝更有效果。

人们说出的话，多半是对自己思想的表达，同时，也希望自己的话能够得到别人的认可。这就要求我们在说话过程中，要善于进行大脑思维，了解自己想要表达的是什么，然后运用恰当的语言表达出来。

善于言辞的人往往能够吸引他人的眼球，也能够赢得他人的信任。因此，我们不妨多进行思考，在不同的时候说出不同的话，面对的人不同，选择的表达方式也有所不同。总之，让自己的言语符合别人的逻辑，让自己的逻辑被别人认可。

泄密的逻辑让你鱼和熊掌兼得

泄密指的是什么？其实，就是将一个人的秘密告诉别人，或者故意透露给他人。每个人或多或少都有自己的秘密，而这些秘密并非都是希望被别人知晓的。同样，有些人的秘密就是为了用来让别人知道的。比如，我们经常会听到这样的话："我告诉你一个秘密，但是你别告诉其他人。"有人说，秘密就是用来泄露的。

赵菲菲是一家鞋店的销售员，这天店里来了一位女士，女士一眼就看上了店里的一款新鞋，这款鞋的价位也比较高。

女士问赵菲菲这款鞋能否优惠，赵菲菲说只要是店里的会员，便可以打九折优惠。赵菲菲告诉这位女士，打完九折只需900元。于是，女士问是否还能再优惠一些，赵菲菲看这位女士实在是想要这双鞋，但是自己也没有再降低价格的权限。

赵菲菲将女士叫到一边，悄悄对她说："您如果真想买这双鞋，可以去找我们店长，她有权限给您优惠，但是您千万别说是我告诉您的。"赵菲菲指了指不远处正在向其他客户推销鞋的一位售货员。

这位女士很感谢赵菲菲给自己出的主意，她找到店长，店长又给这位女士便宜了30元钱。这位女士在买完鞋子之后，对赵菲菲说以后会介绍朋友来找她买鞋。的确，这位女士又带了好几位朋友来买鞋，赵菲菲当月的销售业绩名列前茅。

赵菲菲通过帮助消费者省钱，得到了消费者的信任，消费者又帮她提升了销售额，她又得到了领导的赞赏，这可谓是“一举多得”。在日常生活中，我们可能会有很多秘密不能泄露，但是懂得泄密的逻辑，便能够帮助我们达到自己预期的效果。

那么，在泄密的时候，我们要注意哪些方面的问题呢?

泄密的利害关系

有些秘密是不能被透露出去的，一旦被透露出去就相当于犯罪。比如公司机密等，这些秘密一旦被泄露，影响的可能不仅仅是自己，更多的是给团体或他人带来不利的影响。对于这些秘密，是我们在逻辑上需要保守的。对于一些无关原则和道德的秘密，我们说出去之后可能会给他人带来好处，这样的秘密不妨“泄露”出去。

王林申是一家电脑店的老板，一大早自己的表弟就带来一个朋友买笔记本电脑，表弟的这位朋友是学室内设计的，因此，他要的笔记本电脑需要高端配置。最后，这位朋友按照6600元的优惠价买走了一款高端电脑。

这位朋友刚走，店里来了一个小女孩儿，小女孩儿也看上了表弟朋友买的这款笔记本电脑。女孩儿问需要多少钱，王林申说最低6800元。

正在女孩儿犹豫的时候，她看到一张收据，这张收据恰好是表弟朋友买电脑的收据条。女孩儿看了看电脑的型号和价格，说：“别人买的怎么6600元？”

王林申露出无奈的表情，说这是熟人买走的价格。女孩儿说：“您按照这个价格给我一台吧，我看了好几家了，实在累了，也不想再看了。”

最终，王林申又以6600元的价格卖给了这个小女孩一台笔记本电脑。

小女孩儿开心地提着电脑走了，王林申的妻子却很生气地责备道：“谁让你把收据放桌子上的，这下可好，少卖了200块钱。”

王林申却笑着说：“我故意将收据放桌子上的。”

妻子很不解，问为什么这样做。他回答说：“这个小女孩儿前天来店里看过电脑，当时什么也没说就走了，刚才我看到她已经转了好几家店了，说明她真的想买一台自己喜欢的笔记本电脑。可想而知，在别的店里，这款笔记本电脑肯定也是6800元，如果我坚持6800元，那她可能就不买了。同样，如果她跟我砍价，说让我们便宜一些，那我降低到6600，那她可能会认为我的电脑有问题。既然她是准客户，我让她看之前的发票，她会觉得自己捡了一个大便宜，自然会顺利成交。虽然又便宜了200元钱，但是我们还是有利润的。”

王林申的销售是有逻辑的，他通过这种故意“泄密”的方式来进行电脑的销售，不仅让女孩儿立刻决定购买这款产品，更获得了女孩儿的信任。

那么，泄密究竟有哪些方式呢?

1.语言表述

这种不难理解，就是通过语言的方式表露出来，让对方知道自己的秘密，从而达到自己的目的。

2.行为泄密

通过自己的行为，泄露想要表达的秘密。比如，你想要让别人知道自己胃不舒服，可以用手按着胃部。

3.间接泄密

通过别人的言语或者是举动来泄露秘密。

无论运用哪种泄密方式，都要遵循泄密的逻辑，即让对方觉得这个秘密除了你，就他一个人知道。不仅如此，也要清楚自己泄露秘密的目的是什么，是为了获得他人的信任，还是为了拉近彼此的距离。无论你的意图是什么，都要清楚泄密的后果，要保证后果是好的，否则泄密就等于伤害自己。

第八章

练就逻辑思维，成就非凡的人生

做思维缜密的社交高手

■ ■ ■ ■

逻辑思维强的人第一表现就是善于沟通。沟通指的是人与人之间或者人与群体之间的交流，交流的内容包括思想和情感的传递，目的是使思想保持一致，情感保持通畅。而良好的沟通有助于我们进行社交，同样，缜密的思维是构建良好沟通的重要因素之一。

沟通是一门智慧，我们每天要应对很多人，应付很多事情。当一个人善于进行人际沟通时，他能够通过自己快速的思维反应，来应对他人的话语。

周杰作为企业老总的秘书，除了要对老板足够了解之外，更重要的是善于沟通。因为公司上上下下的人都希望从他的口中了解到老板的某些信息。

这天一早，销售总监便找到周杰，说下班后要请他吃饭，周杰自然知道销售总监找自己是什么事情，无非是想要通过私下关系来了解总经理最新的计划。周杰要想保住自己的工作，自然有些事情是不能说的，毕竟这涉及总经理的秘密，甚至是公司的机密。周杰想要拒绝销售总监，但是他知道，作为一个小小的秘书，他不能得罪任何一个部门的任何一个人，否则自己以后的工作也是十分难开展的。

周杰听了销售总监的话，突然想到今天总经理要在晚上去与客户用餐，自己又要当总经理的司机了，便对销售总监说道："我还想着下班请您喝几杯呢，不过今天是不行了。"

销售总监问是不是总经理有安排，周杰回答道："老大让我坚守阵地，也没说什么事儿，也不说等到几点。"

销售总监又问道："是不是总经理要见客户？"

周杰笑着说道："这咱就不知道了，你也知道老大的脾气，什么事情只有等到跟前了再通知你。"

销售总监看周杰实在是有工作要做，也不好说什么，只是说："那改天吧，改天我请你吃饭。"

周杰在应对销售总监的请客时，通过自己的逻辑分析，意识到销售总监请自己吃饭无非是想要打听老板的一些事情，而自己作为老板的秘书，很多事情肯定是知道的，但是替老板保守秘密也是自己的工作职责。如果周杰直接拒绝销售总监的邀请，那么无疑会让对方很不高兴，而周杰选择用领导委派工作的方式来拒绝销售总监的邀请，这无疑是绝妙的方式。

思维缜密的人在与人交际的时候，能够做出合理的举动，同时，让他人感觉十分舒服。那么，对社交来讲，逻辑思维究竟能够起到怎样的作用呢？

1.事先进行推理

我们在知道要与某个人或某个团体进行交流时，第一反应就是要做好准备，尤其是对待重要的事或人时，会先进行预推理。此时的推理往往是对即将发生事情的预期，了解对方与自己沟通的情感表露和目的，从而确保自己能够更顺畅地进行沟通。

某访谈节目主持人的主持风格十分犀利，一位不善言辞的演员知道自己要去参加这档访谈节目，内心很紧张，因为他不知道主持人会提出什么问题。于是，他开始假设主持人问及的问题，做事先的预演，避免在访谈直播现场，无法做出理智的回答。

2.逻辑思维能帮助我们厘清事物发展的脉络

与他人进行沟通，或涉及事物的本质，也可能会涉及情感。很多需要沟通的事情往往是复杂的，因此，在这个时候，我们要做的就是厘清自己的思路，避免被对方的思想所误导。

汤晶晶代表公司与合作公司进行合作的谈判，谈判双方都希望将自己企业的利益最大化，但是这无疑是矛盾的。汤晶晶在与对方公司的代表沟通过程中，必须摆脱对方的逻辑思路，否则很容易陷入对方的思维中。于是，她始终在表达自己所在公司的合作思路与付出力度，用缜密的思维说服了对方公司的谈判代表。

3.在论证中，逻辑思维能帮助我们辨别是非

人与人交往必然涉及很多大是大非的事情。如果没有清晰的逻辑思维，那么我们很容易被别人的思想所误导。因此，逻辑思维是我们在社交中的一杆秤，能够帮助我们分清是非，掌握真理。

社会中不乏社交能力强的人，这些人总是能够成为别人的朋友，无论让他们与谁进行沟通，他们的沟通气氛都能保持得很融洽。这样的人，我们称他们的情商很高，而情商是离不开逻辑思维做支撑的。

没有人喜欢不会言辞的人，本是一件好事，对于不会沟通的人来讲，他们可能会将这件好事说成坏事。同样，原本是一件不好的事情，但是通过思考，用合适的语言巧妙表达出来，让人感觉这件不好的事情可能也并不是一件坏事。因此，我们要善于运用逻辑思维，保持缜密的思维，建立更好的社交关系。

人是社会中的人，这就意味着每个人都离不开社会，人与人之间需要建立联系。我们不可能脱离群体单独存在。因此，只要我们在群体中，那么就涉及交际、涉及沟通。久而久之，就会形成不同的沟通方式，无论哪种沟通方式，只要反映了我们正确的思维，便能够成为一种有效的方式。当然，并不是每一个人都有高情商，也并不是每个人都善于沟通，然而只要我们掌握了逻辑思维。在与人交流过程中，能够做到先思后行，你会发现自己的社交能力已经有了很大的提高。

社交高手总是能够利用自己缜密的思维，洞察到每一个人的内心思想和情绪变化，根据对方的情绪变化和思想变化，选择更为适合的交流方式，从而达到情感沟通的目的。

走在最前面的那个“省时”达人

■ ■ ■ ■

在日常生活中，我们每天都会遇到很多问题。“工作出现失误”“孩子在学校不认真听讲”“上司对自己的方案不认可”，等等。我们如果不能很好地去解决问题，生活就会变得很煎熬。比起解决问题，恐怕最重要的是学会去分析引起问题的关键所在。也就是说，如果我们不能认清楚问题的真正所在，就无法找到正确的解决之法。要找到真正的问题所在，就要学会去思考问题。不难发现，凡是懂得运用逻辑思维去认真思考事情的人，往往能够成为解决问题效率最高的人。

世界著名的麦肯锡公司培养了大批的人才，凡是麦肯锡出身的人，总是能够活跃在不同的领域中，也能在世界各地的企业中站稳脚跟。那么，为什么在麦肯锡工作过的人，更容易取得成功呢？

答案其实很简单，就是在麦肯锡公司工作过的人，掌握了最基本的“解决问题”的方法。一旦能够掌握解决问题的方法，就会成为那个最高效的人，同时也会成为人们眼中羡慕的“佼佼者”。

那么，通过逻辑思维，我们要如何来掌握解决问题的办法呢？对问题的解决，需要我们从四个步骤去分析，这也是提高我们效率的最佳途径之一。

第一步：明确及理解问题

只有我们找出“真正的问题”，才能有把握找出解决真正问题的方法。在生活中，我们遇到的很多事情，往往不是表面表现出来的问题，真正的问题会隐藏在更深层次。在遇到问题的时候，人们习惯选择立刻着手去解决问题，然而实际上我们应该先明确问题，再去解决问题。

张予曦刚刚成为一家公司的人事部经理，一天总经理将他叫到办公室，给了他一份人员流失率的数据报告，张予曦通过报告了解到公司一年内人员流失率达到了50%。要知道这个现象是十分不正常的，他很清楚一个企业如果无法留住老员工，那么肯定发展不稳定。于是，他明确地问总经理：“您是想要让我去解决人员流失率高的问题吧？”

总经理回答：“是，你刚来公司不久，可以先了解一下公司人员的基础状况，然后拿出一个降低人员流失的方案。”

在知道了总经理的目的之后，张予曦开始思考，总经理是希望人员流失率降低，但是具体要降低到多少，是降低1%，还是降低10%，这是有很大差距的，在方案制订方面也是有很大不同的。因此，张予曦要明确目标，他继续说道：“我先制订一个方案，这个方案如果可行，那么可以将人员流失率降低10%。”

总经理回答：“可以。”

在明确了目标之后，张予曦开始思考利用哪些资源，毕竟自己一个人是肯定无法完成这个目标的，他发现各部门的负责人都可以是自己解决问题的“帮手”，那么下一步他开始对各个部门进行了解，最终制订了降低人员流失率的方案。

在面对问题时，张予曦首先是找到真正的问题所在，然后确定了解决问题的目标，最后又找到可以帮助自己解决问题的资源。这一系列的分析和思考，无疑是一种解决问题的正确思路。

第二步：对问题进行拆解和定位

很多问题之所以我们觉得难，是因为它复杂。我们要解决这样的问题，一时之间可能不知道如何下手，此时，不妨将问题进行分解。了解问题的组成部分，从而找到解决问题的办法。

对发展问题进行拆解，便能够定义到“元问题”。复杂的问题并不是不能解决，而是需要我们找到解决问题的方法和途径。比如，人们都希望自己能够赚到钱，那么，如何才能达到这个目标呢？我们可以进行问题拆解，即工作每年可以赚多少钱，除了工作，在业余时间还能够做点什么赚多少钱。当把问题进行了拆解，你会发现一个复杂的问题，就能很简单地解决了。

因此，我们要学会将问题进行拆解，找到问题的关键所在。在对问题进行拆解时，公式化思维也是一个十分重要的思维方法。

张兮兮想要自己开一家花店，想法有了之后，要如何实现这个目标呢？她先是对开花店这个目标进行分解：第一，开花店选店所在的位置；第二，所需要的资金投入；第三，货源选择。

按照自己对目标的拆解，她先是去寻找适当地段的店铺，结合租金、装修费等发现前期要投入至少十万元，然后再选择优良的货源。最终，她用了三个月的时间，便将花店经营起来了。

第三步：提出问题的解决方案

在我们对问题进行拆解分析之后，就会发现寻找问题的解决方案已经不是一件难事，我们只需顺其自然地提出针对性的解决方案即可。

第四步：总结经验

在一切问题都解决之后，我们要做的就是最后一项工作——对这项工作进行总结。总结是为了下一次解决同类问题时更有目标性。

在现实生活中，我们经常会面临一些复杂问题的出现，不仅如此，我们会看到，任何人在做任何事情的时候都是需要思维进行引导的。而要进行正确的思维引导，就要了解自己面临了怎样的问题，要达到怎样的目的。

善于逻辑思维的人在面对复杂问题时，能够将问题进行顺利的分解，然后找到各个部分的最佳解决方案，最终按照事先指定的目标做出自己的努力，从而以最快、最省力的方式解决问题，实现自己的目标。高效的人往往是逻辑思维比较强的人，因为他们懂得调配资源，了解如何通过分解大目标，实现小目标，这就是他们能够成为现实生活中的佼佼者的原因。

万丈深渊，你独有一座桥

■ ■ ■ ■

有这样一则故事：

两个人打算去非洲卖鞋子，他们来到非洲之后，发现那里的人几乎不穿鞋，都是光脚走路。高个子的人说，非洲人不穿鞋，他们根本不会买鞋。矮个子男人说："真是太好了，非洲人都没穿鞋，可见我们产品的市场需求量有多么大。"

两个销售员的两种态度能够反映出两种截然不同的思维，同时，也可以看出在同样的情况下，不同的逻辑思维能够产生不同的效果。逻辑思维是思维的一种高级形式，之所以说它高级，是因为它能变成一根稻草，在危急关头，成为我们的唯一希望。你是否经历过很多事情，无论你经历过怎样的事情，在危急关头能救你的恐怕就是你自己的思维了。

如果我们将遇到的困境比作万丈深渊，那么帮助我们渡过难关的逻辑思维，便是我们跨过万丈深渊的那座桥。

有一位心理学家做过一个实验：

他在黑板上画了一个大大的圆圈，然后问在座的大学生，这是什么？大学生们的答案很统一，回答这是一个圆圈。同样地，心理学家将这个圆圈画在了幼儿园小班小朋友的黑板上，小朋友们看到之后，回答各不相同，有的说是太阳，有的说是汤圆，有的说是镜子，答案可谓五花八门。

或许在我们看来，大学生的回答是最正确的，但是比起幼儿园的小朋友，他们的回答又显得十分呆板。

对于成人来讲，很多事物都在我们的大脑中产生了固化，我们在看到某个事物的瞬间就已经认定为某个事物，根本不再去进行推敲。因此，才会产生很多思维定式，才有了谬误的产生。而具有与众不同的思维的人，表达出来的思维方式更加活跃，同时也能够让自己的生活变得更加顺畅。

一个善于思维的人，能够通过逻辑思维帮助自己摆脱困境。因为逻辑思维拥有创造性，通过这种创造性，人们可以在问题面前找到新的解决方法。如同当你每天经过同一个花园时，你可能不会发现花园有什么特别之处，但是，如果让你绕行花园，你会发现花园中竟然会有另一条通往回家的路。

李亚男的故乡是产茶制茶的地方，从小家里的茶田都是由父母经营的，自然他也学会了制茶的工艺。长大后，他回到家乡，开了一家茶叶经营公司。

公司刚刚起步时，资金短缺，他将自己的楼房进行了抵押，然后企业才有了起步资金。虽然经营这家公司十分不易，但是经过自己的努力，李亚男的公司在当地也算首屈一指。然而，由于这年的雨水太多，工作人员疏忽，茶厂库房漏雨没有被及时发现，导致数以千斤的茶叶被雨水浸泡了。更让他揪心的是，在茶叶被浸泡三天后，他才知晓这件事情。因为这件事情，他的公司损失很大。这批茶叶显然已经不能再上市销售，这样一来，他的资金得不到回笼，就没有办法再购置新茶。

李亚男的公司面临困境，这让他既吃不好也睡不好。恰巧这天，他的母亲来公司看他，对他说道："你的茶叶泡水了，你有处理这些茶叶的方法吗？"李亚男面对成堆的、被雨水浸泡过的茶叶，不知道要如何处理。晚上李亚男看到母亲正在给自己十岁的女儿做茶枕。茶枕就是将一些碎渣的茶叶再次利用，因为茶叶有一股茶香，并且能够起到很好的保健作用，人们习惯将制茶过程中剩下的、不好的茶叶装到枕头中，做成茶枕，既能合理利用茶渣茶末，也有益健康。

李亚男看到这个情景之后，脑子灵机一动，他可以将浸泡过雨水的茶叶进行清洗晾晒，然后将这批茶叶卖给当地制作枕头的企业，虽然这样一来这批茶叶的售价会降低很多，但是这也能帮助自己回笼部分资金。泡过的茶叶都卖了以后，他用这些钱又购买了一小批茶叶，加工后进行销售。

李亚男就按照自己的思路来做，最终，这批茶叶也全部销售出去了，虽然他的损失仍然很大，但是却有了新的资金，并且经过他的努力，在一年的时间里，公司的经营又恢复到往常的规模。

李亚男的公司本将破产，但是他灵活的思维让他化解了危机。反过来来讲，如果李亚男没有意识到这批茶叶的"妙用"，恐怕他会将这批茶叶倒掉，这样他要想让公司恢复运营也是难上加难了。

懂得逻辑思维的人会运用自己往常的经验和逻辑，从事物本质出发，找到解决问题的更好办法，而这些办法的思考是基于现实的基础之上的。我们也见过很多人，他们在运用逻辑思维时，天马行空，根本不以现实为基础，这样一来，他们的行为往往也是空泛的，根本是不切合实际的。

段明瑞毕业于师范大学，之后他进入了一所小学当老师，但是他觉得当老师收入太低，所以辞掉了老师这份工作。之后，他自己开办了一家培训机构。开培训机构就需要找到合适的地方，然后聘请一些有经验的培训人员。然而，他刚刚创业，实在没有那么多的资金，于是，培训机构的所有事情都由他一个人来完成，就连培训老师，他也自己担任。

虽然段明瑞毕业于师范学校，但是他毫无教学经验，也根本不知道教学重点和技巧，于是，学生家长就要求退培训费。最终，段明瑞的培训机构仅仅经营了不到四个月便关门了。

段明瑞的创业逻辑没有错误，但是他根本没有意识到自己的能力是否匹配目标。由此可见，一个善于逻辑思维的人需要将自己的逻辑思维置于现实中，而不是在天马行空的想象中。

无论是在生活中还是在工作中，我们都可能会遇到困境，那么要想走出困境，就要学会对事物进行分析，找到事物的真相所在。只有这样我们才能够通过逻辑分析，找到对自己摆脱困境有利的因素，也可以看到那些对自己不利的方面。从而，我们可以凭借逻辑思维的创造性和发散性，找到突破困境的方法和技巧，最终避免自己掉入困境的深渊，找到通往成功的那座桥梁。

思维缜密，你便绝技在身

■ ■ ■ ■

我们习惯用智商高低来评价一个人是成功还是失败，然而智商似乎与成败没有过于直接的联系，但一个人是否能够成功与其思维能力绝对有关系。要知道，成功的人的思维能力往往要强于失败的人，没有缜密的思维，成功往往只是一场梦。毕竟做任何事情之前，都需要我们对事物进行全面思考与预期，在操作过程中，更是需要进行分析与适时变换思路。因此，掌握了缜密的思维能力，就等于拥有一项通往成功的绝技。

某珠宝店有一款项链，定价相当高，被作为镇店之宝销售，而这款镇店之宝在店里放了一年时间，都没有被卖出去。客人不是觉得它太贵，就是觉得它不够完美。

这天店里来了一位新的销售员，叫杨亮，经理说只要他能够在一个月的试用期内将店里这款镇店之宝卖掉，便提前给他转正，如果卖不掉，那就没办法继续留在这里工作了。

杨亮上班的第三天，店里来了一对男女，男士的年龄偏大，女士表情很不悦，显然这位男士是为了讨好女士才来买礼品的。杨亮通过男士和女士的穿着，以及两人开的车，便知道男士肯定是一位富豪。

此时，其他的销售员接待了这对客人，但是介绍的几款首饰，女士都不太满意。此时，杨亮故意拿出镇店之宝，大声对另外一位店员说道：“这么漂亮的首饰，真是可惜了。”

那位女客人自然听到了他的话，要求看一看杨亮手里的这款项链。杨亮说道：“女士，您看看可以，但是我们这款是不卖的。”

女士看完之后，十分喜欢，然后说道：“你出个价，看看多少钱才卖。”

杨亮说道：“这位女士，我说了这款项链是我们店的镇店之宝，世界上独一无二的，所以我们不卖。”他故意吊足了女士的胃口。

在一旁的男士接着问道：“既然是镇店之宝，为什么不卖？”

杨亮故意放低声音：“因为这款产品的确有一个特别小、特别小的瑕疵，因此，我们打算把这款产品返回总部进行销毁。”

女士顺着杨亮的手，看到项链上有一道特别小的划痕。女士问道：“这么漂亮的项链销毁了太可惜了，我想买，但是你要给我一个合理的价格。”

杨亮说道：“这款产品价位可不低。”

男士说道：“我们到这里就是来花钱的，你说多少钱吧。”

杨亮回答：“原价是99999元。”

男士听了，对女士说道：“咱还是换一款吧，花10万元买一个残次品，不值当。”

女士生气地说：“我就要这款，如果你舍不得买就算了。”

女士转过头对杨亮说道：“你让让价，我是真想要这款项链。”

杨亮假装去请示经理，过了一会儿走过来对这两位客户说：“我已经问过我们经理了，看您是真的喜欢，想要买，经理说以最低的价格卖给您，少了9万元我们是真不能卖的。”

男士看着有些不乐意，然后说道：“没便宜多少啊，能不能再便宜点？”

杨亮无奈地说道：“看您是真想要这款，正好我也懒得往总部送这款项链，我把我的提成也贴进去吧，最低88888元，就当我们交个朋友。”

女士听了很开心，最终带走了这款项链。经理看到这款放了一年的项链都没有被卖出去，而新来的杨亮三天的时间就卖掉了，便提前给杨亮转正了。并且，杨亮也成为当月的销售冠军。

杨亮之所以能够将这件最贵的首饰卖出去，很大一部分原因是他的头脑有条理性，逻辑分析能力很强。通过杨亮的分析，他知道这两位客户不缺钱，能够买得起这款产品。同时，女士喜欢买独一无二的产品，自然喜欢这款全球只有一件的项链了。

无论是在生活中，还是在工作中，我们要根据自己对事物的基本认知，对事情做出分析。在分析完成之后，你会发现自己的思路已经变得清晰，不再是模模糊糊的，于是才能够找到解决问题的方法。对于一个善于逻辑分析的人来讲，无论遇到怎样的问题，他都能用逻辑思维在大脑中找到打开困境的通道。那么，逻辑思维对我们解决问题究竟有何益处呢？

1.帮助我们另辟蹊径

偏远的地方并不都是穷人，繁华的都市照样有穷人。一个思维敏捷的人，懂得在常规方法行不通的时候，选择一些不常见的路径去实现自己的目的。

2.提升我们对事物变化的应变能力

一个思维缜密的人往往是一个反应比较快的人，在事物发生变化的过程中，往往能够根据事物的变化改变自己的行为方式。

3.能够帮助我们排除外界干扰

我们在社会中生活，受到各种因素的干扰也是在所难免的。当你想要去做一件事情的时候，除了自身因素的干扰之外，还会遇到一些外界的干扰，而逻辑思维强的人能够想办法排除外界干扰，让自己在没有干扰和阻碍的环境中，实现自己的目标。

一个优秀的人往往在某方面有自己的一套逻辑，各行各业都是如此，他们会遵循自己的逻辑思维进行事物的认知和探索。一个逻辑性差的人完成一项工作时，他可能会丢三落四，顾东而忘西，这对他成功是不利的。相反，逻辑思维强的人在做事情之前就已经将所有细节考虑在内，每一步他都知道如何进行安排和操作，这样就避免了过程中出现纰漏，最终能够确保完美地实现自己的目标。

有逻辑的人，往往有素质

■ ■ ■ ■

很少有人将逻辑思维和素质联系在一起，但我们不得不承认这两者之间存在着紧密的联系。要分析两者之间的联系，我们便需要知道什么是素质。素质是一个人在社会生活中思想和行为的具体表现，素质不是一方面的，而是多方面的，包括文化水平、身体素质，还有思维能力和对外界事物的洞察能力等。不难看出，一个人的逻辑思维是素质的重要组成部分。

在一个人素质的培养过程中，也是需要通过逻辑思维进行分析的。比如我们在学习知识的时候，会对知识本身所传达的价值进行了解，领悟到知识的真正内涵，一旦需要将学习的知识进行运用的时候，我们就会从大脑中调出相应的知识信息，然后进行实践的运用。在这个过程中，我们会有意识地去记住知识点，并对知识点进行分析记忆，这个过程往往就是逻辑分析的过程。

梁晓宇和沈腾飞是同班同学，沈腾飞做生意失败了，欠下了三十万元的外债。这天沈腾飞找到梁晓宇，希望他能借给自己点钱。

他知道梁晓宇的生意做得很红火，每年收入上千万元，三十万元对他来讲是九牛一毛。

梁晓宇在接到沈腾飞电话的时候，就意识到沈腾飞是来找自己借钱，毕竟他生意失败的事情在同学圈已经传开了。

沈腾飞本以为梁晓宇会毫不犹豫地借给自己钱，但是没想到，梁晓宇只是说了句："抱歉，现在我没办法借给你钱。"

沈腾飞十分憎恨梁晓宇，认为他根本不顾念同学情，也不顾及多年的朋友情。后来，在一次同学聚会上，别的同学问梁晓宇为什么不借给沈腾飞钱，他说道："我现在借给他钱就是在害他，这次他必须认识到事情的严重性。"

原来沈腾飞之所以会破产，是因为他的豪赌，赌博让他输了很多钱，于是他就开始用公司的钱，最终导致公司破产。

梁晓宇明白，如果自己借给他三十万元，沈腾飞还有可能拿着三十万元去赌博，甚至还会输更多，这样一来岂不是害了他。

多年之后，沈腾飞见到梁晓宇，说终于明白当时为什么他不借钱给自己，他感谢梁晓宇暗地里帮自己找了份工作，沈腾飞开始踏踏实实地去工作，外债也还清了。

梁晓宇的思维出乎常人，他之所以决定不借钱给老同学沈腾飞，是因为他经过分析发现，沈腾飞陷在赌博中根本无法自拔，如果那么轻易地让他得到钱，他还是会不懂得珍惜。

当一个人将逻辑思维当作自己的素养，那么他在想问题、做事情的时候会更加注重效果和影响性。比如，某些老艺术家从来不轻易去提拔新人，因为他知道自己提拔起来的新人如果德行比较好，那么算自己没有做错，但如果新人的德行不好，做出有损社会公德的事情，那么他们会觉得是自己的原因。

一个有逻辑的人都具备同样的素质，其体现在以下方面。

1.有逻辑的人会合理利用时间

我们发现很多学者做学问都十分有逻辑性，他们的业余生活也很单纯，不是进行专业知识的深入学习与挖掘，就是进行阅读或练字，他们舍不得把时间浪费在毫无意义的事情上。逻辑性强的人会将时间看得十分宝贵，他们会利用一切可以利用的时间去丰富自己的思维，提升自己的知识素养或身体素质。

2.有逻辑的人懂得在合适的时间做适当的事情

逻辑性强的人对事物会有更深刻的认知，他们在认知事物的过程中，会对事物进行分析，从而比照自身，进行假设，假设后果之后，便明确这些事情自己到底能否去做。由此可见，当他们遇到一些不符合社会道德的事情时，往往会先进行分析，然后从自己内心去拒绝这样做。

董凡凡是一所中学老师，他所教的班级升学率很高，因此，在当地他也算是名师。他的表妹开了一家书店。表妹对董凡凡说，希望他能够给同学推荐几本练习册，而这几本练习册只有她的书店有卖，表妹会给董凡凡一些提成。

作为当地的一位名师，董凡凡自然知道只要自己开口提及某本书或某套题，家长们就会毫不怀疑地去购买，甚至不惜代价去购买。但是董凡凡经过自己的分析发现，自己一旦这样做，势必会给家长造成经济负担，也会给孩子带来学习负担，这不仅会影响孩子的学习，甚至还会影响到自己的声誉。

经过一连串的分析，董凡凡拒绝了表妹的建议。

3.有逻辑的人清楚事情的轻重缓急，懂得如何在最恰当的时候做最适当的事情

我们每天都会遇到各种各样的事情，这就意味着我们需要将事情进行分类，了解每件事情的轻重缓急，而这个时候就会运用到我们的逻辑思维。在对事情进行分类之后，有逻辑的人会按照轻重缓急的顺序进行安排。

一辆出租车开得飞快，不仅超速行驶，还连闯两个红灯。这引起了交警的注意，交警在路口拦截时，司机说车上拉着一位待产孕妇，孕妇羊水已经破了，并且这是孕妇生的第二胎，眼看孩子即将出生，所以出租车司机只能将这位孕妇的生命安全放在首位。交警在了解情况之后，不仅开警车为其开路，还免除了对司机违反交通规则的处罚。

人在很多时候，会对自己所做的事情进行衡量，以确定这些事情自己是否值得去做，这时就需要详细进行逻辑分析。对于一个善于逻辑分析的人来讲，他们总是能通过自己的思维来判断事物的对错，了解道德层面的正误，从而让自己的行为更符合社会的要求，避免做出一些违规的事情。故此，一个高素质的人往往具备缜密的逻辑。

后记

逻辑思维并不是与我们无关的思维活动，它是人类生活中思考与行动的核心所在。我们需要逻辑思维为我们的行为做指导和规划方向。

在当今社会，避免逻辑错误的出现固然很重要，但我们还需要将更多的精力和时间花费在领会逻辑思维的原则上。逻辑原则有其规律和方法，只有彻底了解思维的方式，才能让我们的行为更加行之有效。

逻辑是一门艺术，而这门艺术与人们的日常行为思考有着密切的联系，人们可以利用逻辑思维处理生活中遇到的问题和难题，也能够通过不同思维方式的转换来获得满足感、价值感和成就感。我们在读这本书之前，可能还没有意识到生活中逻辑思维的运用竟然会如此“频繁”。但读了这本书之后，你会发现自己曾经遇到的困境或当下遇到的困惑，都可以通过逻辑思维进行思考，而自己要走的“捷径”也是由正确的逻辑思维方式所提供的。

诚然，作者不希望让你觉得这本书有多么深奥晦涩。相反，作者希望你能在轻松、简单的语言环境中，了解更多逻辑思维的魅力。

或许你在阅读此书时，会觉得很多例子都是自己生活中所碰到过或经历过的。唯一不同的是你可能没有意识到自己利用了逻辑思维处理问题。

逻辑学是一门学问，既然称之为学问，自然就有概念、理论。这本书中也有一些专业的理论讲述，而作者进行概念、理论讲述的目的，无非是希望帮助你更好的理解生活。如果你可以在实践中，运用逻辑学的相关知识解决所遇到的问题，使自己的行为更为规范、思想更具创新，那么这本书的目的就达到了。